日本の電機産業はなぜ凋落したのか

体験的考察から見えた五つの大罪

はじめに

長くサラリーマンをやっていると、つらい仕事にも巡り合う。欠品で得意先に叱られたり、品質問題でユーザーに迷惑をかけたり、日々の仕事に悩まされた記憶は決して少なくない。その中でも特につらかったのは、部下にリストラを宣告する仕事だった。思い返しても、息が詰まりそうになる。

何の因果か、私には面と向かって解雇を告げた経験が三度ある。特に三度目は規模も大きく、今でも鮮明な記憶として残っている。

二〇一五年九月二九日の朝、私は会議室に集まった部下六〇人ほどに、事業撤退が決まったことを告げた。余計な期待が残らないよう、そこにいる全員が三ヵ月以内に解雇になる事実も、ハッキリと伝える必要があった。社員からすれば、あまりにも突然で、どうにも理不尽な話だったはずだが、誰もが黙って話を聞いてくれた。その冷静な反応にいたたまれなくなり、告知を終えた私はすぐに得意先に向かった。どこにでもいるサラリーマンだった私が本書を書こうと思ったきっかけは、今でも悔いの残るこの出来事だった。
巷には事業で成功した人たちの本が溢れている。古くはＧＥ（ゼネラル・エレクトリック）のＣＥＯだったジャック・ウェルチ氏の『わが経営』（日経ビジネス文庫、二〇〇五年）や、ソニーの創業者のひとりである盛田昭夫氏の『MADE IN JAPAN』（ＰＨＰ研究所、二〇一二年）などが有名だ。最近でも京セラの創業者である稲盛和夫氏や、楽天のＣＥＯである三木谷浩史氏が多くの著書を出している。彼らの類いまれな成功の要因は何だったのか、その秘訣を知りたいと思う気持ちはよくわかる。

かたや敗者が書いた本はあまり目にしない。誰しも負の記憶は早く忘れたいし、それをあえて公表する理由もない。あるいは、読者が書店で敗者の本を手にしても、やはり勝者から学ぶべきだ、とそっと棚に戻すのかもしれない。

実際に日本の組織は失敗から学ぶのが苦手なようだ。日本企業で働いていた時に、私は長年携わってきた事業を売却される憂き目にあった。業績の低迷が続き、事業を継続しても自社の企業価値を高められないと判断されたのだ。しかし、売却に先立ち、立ち行かなくなった事業を総括する機会は与えられなかった。何人かのキーマンを二、三日缶詰めにして討論させれば、残る組織にとっても有益な経験則を導き出せたと思うのだが、誰も何も語らず、新天地へと散り散りになっていった。

一方で、アメリカ企業にはエグジット・インタビュー（出口聞き取り）という制度がある。退職の日を迎えた社員と面談を行うのだ。後腐れがなくなった彼ら、彼女らに会社が改善すべき点を尋ねるので、本音での回答が期待できる。自己都合だろうが、会社都合だろうが、社員が会社を去る背後には何がしかの失敗があるものだ。アメリカ企業は、たとえ耳の痛い話になったとしても、その失敗を貪欲に利用しようとするのだ。

ちなみに、マイクロソフトの共同創業者ビル・ゲイツ氏は言っている。

「成功を祝うのはいいが、もっと大切なのは失敗から学ぶことだ」[*1]と。

さて私の失敗だが、それは一つの事業に三〇年も携わりながら、その事業が凋落（ちょうらく）していくのに歯止めをかけられなかったことだ。いや、より正確に言えば、衰退してゆく事業からの構造転換を為しえなかったことだ。

息子と父の記憶からつづる日本の電機産業衰退の理由

失敗に至るまでの経歴を簡単に紹介すると、私は一九八六年にＴＤＫという会社に入った。当時のＴＤＫは電子部品事業と記録メディア事業が二枚看板だったのだが、私が配属されたのは後者だった。そこは音楽や映像、パソコンなどのデータを記録する媒体（メディア）を製造販売する部門で、当時の主力製品はカセットテープやビデオテープ、フロッピーディスクだった。その組織で国内営業を皮切りに、営業経理、海外部門の経営企画などを経験していった。

カセットテープはすごく儲かる製品だったので、記録メディア事業が全社の稼ぎ頭という華々しい時代もあった。各社は人気のミュージシャンやアイドルを起用したテレビＣＭを大量に流し、派手なシェア争いを繰り広げた。

ところが、技術の進化とともに状況は変わっていく。カセットテープに代わり光ディスクが主力製品になると、収益性は一気に悪化した。やがて赤字が常態化すると記録メディア事業は社内でお荷物となり、その価値を厳しく問われる存在となっていった。

案の定、二〇〇七年にＴＤＫは同事業に見切りをつけ、その大部分をブランドの使用権（TDK Life on Record ブランド）とともにアメリカ企業イメーションに売却する。この結果、当時私が出向していた記録メディア部門のアメリカ法人も大幅な縮小が決まり、現地の同僚はほぼ全員が解雇となった。私は本社には戻らず、事業とともに売却先のイメーションへ移る道を選んだ。自らの身に降りかかった最初のリストラだった。

数年後、私は転籍先で日本のB2C（一般消費者向け）事業の責任者（ゼネラルマネージャー）に任命された。しかし、それも束の間、ようやく業績が好転しつつあった二〇一五年に、グローバルで記録メディア事業から撤退することが決まる。アメリカの本社が〝モノ言う株主〟との委任状争奪戦に敗れ、事実上乗っ取られたためだった。冒頭の社員への解雇の告知は、この時の経験だ。

事業撤退を完了させると、部下から一ヵ月遅れで私も解雇となった。五四歳にしての、二度目のリストラだった。

このように、たまたま新入社員として配属された記録メディア事業だったが、年々事業が縮小する中で有効な手を打てず、最終的には〝モノ言う株主〟に幕引きを迫られた。もちろん何もせずに手をこまねいていたわけではないが、結果がともなっていなければ言い訳にしかならない。結局は三〇年という長い時間をかけて、ゆっくりと失敗を重ねていたのだ。

解雇となった私は、徒労感と罪悪感に苛まれた。急な事業撤退で、社員だけでなく、得意先などすべてのステークホルダー（利害関係者）に甚大な迷惑をかけたのだ。退職後もさまざまな感情を引きずったのは、事業責任者としては当然だった。なぜ記録メディア事業の凋落を止められなかったのか。どうして成長を持続できる事業構造に転換できなかったのか。自らの記憶をたどっては、次々に湧き上がってくる疑問への答えを探し続けた。
やがて私の脳裏に蘇ってきたのは、三〇年間の記憶の中に眠っていた会議の風景や、些細な出来事の数々だった。そして、それらの断片が時間とともにパズルのように組み合わさり、本書で述べる「五つの大罪」が姿を現した。当時はまったく自覚していなかったが、そのすべてに私自身も関わっていた。

昭和の時代にグローバル市場を席巻しながら、平成になって力を失っていったのはTDKの記録メディア事業だけではない。程度の差はあるにせよ、日本の電機産業全体がかつての勢いを失ったと言ってよい。私には、記憶の中から姿を現した「五つの大罪」が、多くの電機メーカーに共通する問題に思えて仕方がなかった。

しかし、ひとりの人間の経験には自ずと限界がある。そこで私は、父である桂泰三のキャリアを追体験しようとした。父は私と対照的な人生を歩んでいる。一九五五年に、まだ小さなラジオメーカーだった早川電機（現シャープ）に入社すると、会社の急成長に合わせて多くの経験を積んでいく。そして、一九八六年に副社長に就任した。昭和の高度成長を体現したような人生だった。

幸いにも、父は柴山桂太先生（現京都大学大学院人間・環境学研究科准教授）の指導の下、滋賀大学リスク研究センターでオーラルヒストリーを編集していただいていた。私はその書誌を読み込むとともに、年老いてはいたが、記憶はしっかりしていた父から当時の話を繰り返し聞いた。その結果、私の記憶から蘇ってきた「五つの大罪」は、私個人の体験のみならず、日本の大手電機メーカーにも共通する問題、特に家電事業や半導体事業、液晶事業を凋落させた要因だったと確信するに至った。

もちろん本書で明らかにする罪が、電機産業が凋落した原因のすべてだと言うつもりはない。他にもいろいろあるだろう。私は経済学者でも、新聞記者でもない。単に二度のリストラを経験したサラリーマンに過ぎない。おまけに大学の専攻は法律で、経済学を体系的に学んだこともない。そんな私に平成における電機産業の失速の原因を、漏れなく明らかにするのは難しい。

しかし、私は実際に起こった現象にこそ重い真実が宿っていると信じている。私たち親子の実体験の中から炙り出された「五つの大罪」が、電機産業凋落の原因をいくばくか明らかにするだろう。

令和を迎えるに際し、一つのニュースが話題となった。全世界の企業の株価時価総額ランキングに関するものだ。平成元年には、世界のトップ五〇社のうち日本企業が三二社を占めていたが、平成の終わりには一社しか残っていなかったというショッキングなニュースだ。言うまでもなく、この三一年間も、すべての企業は成長のために全力を尽くしたはずだ。サボったり、怠けたりしたはずもない。にもかかわらず、多くの日本企業がグローバル競争に敗れ、大きく力を失ったのだ。

平成に働き盛りを迎えた私たちは、昭和の時代から絶好の形でバトンを受けながら、うまく令和に渡すことができなかった。同じ過ちを繰り返さないためには、現実を直視し、当事者として過ちの原因を真摯に探り出すほかない。一つの事業に従事する中で私自身が犯した失敗を素直に顧み、未来への警鐘を鳴らすことが本書の目的であり、私たち平成世代に残された使命だと信じている。

少しでも令和の時代に活躍するみなさんの参考になれば、これほど嬉しいことはない。

目次

図版作成／MOTHER

第一章　誤認の罪

デジタル化の本質を見誤った日本の電機メーカー

技術大国ニッポンの称号は、電機業界が築いたと言っても過言ではない。日本企業はトランジスタラジオに始まり、ビデオレコーダー、ウォークマン、家庭用ゲーム機、薄型テレビなど、世界中をあっと驚かせる製品を次々と世に出してきた。

しかし、さまざまなイノベーションを起こしたはずの日本の大手電機メーカーが、デジタル化が進むにつれてその存在感を失っていく。本来、技術力が高ければ、デジタル化にともなってますます飛躍しそうなものだが、現実は弱体化していったのだ。明らかに矛盾していたが、それが現実だった。

では、なぜ日本企業はデジタル化という大きな波にうまく乗れなかったのだろうか。第一章では、その原因を探っていきたい。

「デジタル化」という言葉が世に溢れている。調べてみると、「日本経済新聞」では二〇二〇年の一年間に、一四三四本に及ぶ記事があった。平均して一日に四つの記事がある勘定だ。新聞だけではない。グーグルで「デジタル化」と検索すると、現れるウェブサイトの数はなんと三億件に近い（二〇二二年一一月現在）。

しかし、広く使われている割には言葉の定義は曖昧だ。純粋に技術的なデジタル化をいう場合もあれば、企業での業務プロセスの改革・自動化を、デジタル化という言葉でくくっている場合もある。ある大手電機メーカーのウェブサイトには、「オフィス空間のデジタル化」というコピーがあった。[*1] 従来よりも深化したオフィスの電子化を表現したコピーなのだろうが、いよいよ空間までデジタル化されるのかと感慨深いものがあった。

さまざまな意味が乱立する中、本題に入る前に本書におけるデジタル化を定義づけておきたい。

まず、アナログデータをデジタルデータに変換することを第一段階のデジタル化とする。レコードがＣＤ（コンパクトディスク）に置き換わったような、最も原始的なデジタル化だ。

プラットフォーマー（サービスやシステムの提供者）である巨大ＩＴ企業がインターネットを活用して独自のサービスを提供することを、本書では第二段階のデジタル化と呼びたい。ＧＡＦＡ（ガーファ）やウーバーなどが主なプレイヤーになる。さらに、そのプラットフォームを支える通信技術、半導体技術なども第二段階のデジタル化に含まれる。具体的には、サムスンのスマートフォンや、ファーウェイの通信基地局、あるいはクアルコムのスマートフォン用の半導体などが代表的な製品だ。

この定義を前提に、まず、第一段階のデジタル化を俯瞰した時に見えてくる本質とは何なのかを考えてみたい。音楽を事例としてみよう。

アナログ時代の主役はレコードとカセットテープだった。ダビングは面倒な作業で、レコードやテープをひっくり返しながら、四六分のアルバムを録音するには、同じ四六分間が必要だった。

第一段階のデジタル化が進むと、レコードに代わり、CDが登場する。さらに、そのCDからMD（ミニディスク）やCD-R（一度だけ記録ができる光ディスク）にダビングするスタイルが主流となった。録音に必要な時間は大幅に短縮され、再生時には聴きたい曲をボタン一つで呼び出せるようになった。

デジタル化で便利になったのは、ユーザーだけではない。記録メディアを製造するメーカーも大きな恩恵を受けた。カセットテープがCD-Rに置き換わると、製造現場が大きく簡易化されたのだ。

アナログ製品だったカセットテープを作るには、巨大な生産設備が必要だった。磁性粉をベースフィルムに塗って乾燥させる。そのあとにカセットに合った幅、長さに裁断する。そのテープをカセットハーフに組み込み、プラスティックフィルムで包装する。すべての工程を直線に並べれば、数百メートルに及ぶほどだった。

一方のCD-Rの生産設備は、小型トラックほどの大きさだ。ディスク大のポリカーボネートの基板を回転させ、遠心力を使って有機色素や反射膜を塗布していくのだ。工場のクリーンルームに入ると、自己完結した生産設備がずらりと並ぶ。あとに続く包装工程を加味しても、一つの製造ラインは、せいぜい数十メートル程度だ。アナログ時代と比べると、素人目にも明らかなほどシンプルになっていた。

生産設備の簡易化は、コストダウンに直結する。設備投資の金額は下がり、生産ラインでの人手もかからなくなるのだから当然だ。アナログ時代、七四分間録音できるカセットテープの店頭価格は、どんなに安くとも二〇〇円程度だったが、同じ分数の録音が可能なCD-Rは、たった二〇円ほどになった。デジタル化にともない製造コストが大幅に下がり、ユーザーにとって劇的に買い求めやすくなったのだ。

このように、音楽を取り巻くさまざまな環境が、デジタル化によって大きく簡易化されていった。

カメラの世界でも劇的な変化が起きる。初期のデジタルカメラの画質は銀塩カメラに大きく劣っていたものの、フィルムに制約されていた撮影枚数の制限は事実上なくなった。

何より撮影後の現像が不要となり、手間とランニングコストの大幅な削減に成功する。画質も年々向上し、今や銀塩カメラは完全に駆逐されようとしている。

このように、音楽や写真のデジタル化がもたらした成果を見れば、その本質は「画期的な簡易化」だとわかる。デジタル化によって、今まで時間がかかっていたことが、短時間でできるようになり、高価で手が届かなかったものが気軽に買えるようになり、人手がかかったことが簡単にできるようになったのだ。これらの「画期的な簡易化」こそが、デジタル化がもたらした功績であり、その本質だった。

まだデジタル化という言葉さえ存在していなかった時代に、簡易化を徹底的に追求していた人物がいた。アップルの創業者、スティーブ・ジョブズ氏だ。彼が初代のマッキントッシュ（パソコン）を開発した際に徹底してこだわったのが、使い勝手のよさだった。パソコンというまったく新しい製品を世に出すに際し、誰もが使えるように、感覚的にわかる概念を求めたのだ。その結果生まれたのが、デスクトップというコンセプトであり、マウスというツールだった。[*2] ジョブズ氏は誰よりも早くデジタル化の本質が「画期的な簡易化」だと見抜いていたようだ。

デジタル化の本質と大仰な言葉を使った割に、ありふれた結論でがっかりした読者もいるだろう。あるいは、「画期的な簡易化」が本質なのはデジタル化だけでなく、技術の進歩すべてに共通すると思われたかもしれない。

しかし、実際にはこの明白な本質を見誤った人たちがいる。日本の電機メーカーだ。本質を誤認するというのは、目的地を示した地図を見間違えるようなものだ。案の定、デジタル化が進むにつれて、多くの電機メーカーがあらぬ方向へ向かい始める。

これこそが、誤認の罪だった。

デジタル化で製品が均一化し、価格競争の世界に

第一段階のデジタル化、すなわちアナログデータのデジタル変換が本格的に始まったのは、八〇年代だ。七〇年代後半から八〇年代初頭にかけてアップルやＩＢＭがパソコンを発売し、いよいよ世間にもデジタルの世界がやって来ようとしていた。ほどなく、さまざまなアナログデータのデジタル化が始まる。音楽、写真、文字、映像などをデジタル化する技術が進み、年々洗練されて生活の一部になっていった。

この大きな変革を担ったのも、主に日本企業だった。音楽をデジタル化したＣＤやＭＤ、映像をデジタル化したデジタルカメラやＤＶＤ、どれも日本企業が実用化させた技術だ。

完成品だけではない。デジタル技術のカギとなる半導体メモリーDRAM（ディーラム）も、九〇年代半ばまでは日本企業が世界をリードしていた。インテルが世界で初めてDRAMを製品化したのち、あとを追う日本企業が高い品質と低コストを武器に逆転したのだ。一九八六年には、日本企業のシェアは世界で八〇％を占めるほどになっていた。[*3] 半導体は、この時代における日本の基幹産業だった。八〇年代から九〇年代にかけて、第一段階のデジタル化を主導した日本企業の強さは、世界を圧倒していたのだ。

ところが、向かうところ敵なしだった日本の電機メーカーの足元で、二つの大きな変化が起きる。製品と市場にまつわる変化だ。どちらもデジタル化が大きく影響しており、トップランナーだった日本の電機メーカーにとっては、厄介な問題となった。

一つ目の変化は、製品の均一化だ。ゼロ・イチの二進法が基準であるデジタルの世界においては、製品の優劣をつけづらくなったのだ。基本スペックが同じである場合、音質や画質の良し悪しをユーザーに実感させるのが難しくなっていた。

記録メディアを例に説明しよう。

アナログ時代の製品には、グレードという概念が存在した。磁気テープの材料である磁性粉の特性の違いから、自社製品の中に松竹梅のようなグレードを設定していた。カセットテープの場合は、ノーマル、ハイポジション、メタルという名称で、ビデオテープの場合は、スタンダード、ハイグレード、ハイファイという名称で差別化を図っていた。実際にそれぞれのグレードにはユーザーが認知できる差があったので、メーカーとしての性能訴求はそれなりに効果があり、競合製品との違いも訴えやすかった。

ところが、デジタルの時代を迎えると様相は一変する。MDやCD-Rでは性能による差別化ができなくなったのだ。性能以外にも品質問題の発生頻度や、耐久性といった差別化要素は残っていたが、その差をユーザーに実感してもらうのは難しかった。記録メディアの製品ラインナップからグレードという概念が消え、巷には、「デジタルなんだから、どのメーカーの製品も一緒でしょ」というシニカルな認識が広がった。

製品の均一化が進んだことで難しくなったのは、ものを売る行為だった。競合製品との性能面での差がなくなると、店頭に自社の製品を並べてもらう動機づけが困難になった。量販店のバイヤーからすれば、同じような製品をいくつも店頭に並べても効率が悪いだけだ。おまけに、ユーザーもデジタル製品はどこのメーカーも一緒だと思い込んでいる。売り込む製品に競合品との差がなければ、バイヤーに価格面でのメリット（低価格）を求められるのは当然の成り行きだった。このように、デジタル化によって製造コストの低下が進むとともに、販売の現場では、泥沼の価格競争が起きやすい素地が生まれた。

製品の均一化が進んだのは、記録メディアに限った話ではない。例えばテレビも同じだ。ブラウン管テレビの時代は、各社はトリニトロンやキドカラーなどと名前をつけて、自社製品の性能のよさを訴えた。ブラウン管技術の違いによって、実際に発色やコントラストに違いがあったのだ。ところが、薄型テレビになると製品の均一化が進む。４Ｋや８Ｋなど解像度の違いによる画質差は明確だったが、同じ４Ｋテレビであれば、どのメーカーも似たり寄ったりだ。

ある時私は家電量販店にテレビを買いに行った。店頭にずらっと並ぶ製品を前に途方に暮れていると、店員が助けに来てくれた。彼が説明してくれた有機ＥＬと液晶の違いや、４Ｋと８Ｋの違いは認識できたが、同じ４Ｋテレビでのメーカー間の比較は、現物を前にしても実感できるものではなかった。私自身が、「デジタルなんだから、どのメーカーの製品も一緒でしょ」と思っていたのだから、店員の説明が心に響かなかったのかもしれない。結局、私は型落ちして安くなった４Ｋテレビを買って帰った。自社製品を売り込む時に散々味わっていた苦労の記憶は、ユーザー側になればあっけなく消えていた。

このように、第一段階のデジタル化によって発生した一つ目の変化は、製品の均一化が進み、価格競争が起きやすい環境が生まれたことだった。その結果として、製品開発に無理が生じ始めるのだが、その経緯は後述する。

韓国、台湾の台頭

二つ目の変化は、日本企業にとってより深刻なものだった。周辺国の台頭だ。デジタル化に呼応するように韓国や台湾の新興企業が力を伸ばしてきたのだ。八〇年代後半、両国とも戦後の政治的な混乱がようやく収束し、本格的な経済発展の時代を迎えていた。そのタイミングで第一段階のデジタル化が広がったのは、彼らにとっては幸運だった。いつの時代も技術的に大きな変化が起こる時は、あとを追うものには絶好のチャンスであり、先を行くものには深刻なリスクとなる。

韓国と台湾の企業には、大きな違いがあった。韓国企業は自社ブランドを掲げ、日本企業に真っ向勝負を挑んできた。代表的なのは、サムスンやＬＧだ。一方の台湾企業は自社ブランドには消極的で、パソコンやスマートフォンなどの電子機器を受託生産するＥＭＳを中心に成長を図った。鴻海（ホンハイ）やＴＳＭＣが筆頭だろう。

最初に韓国企業に世界一のポジションを奪われた基幹製品は、「産業のコメ」と呼ばれた半導体だ。特に需要の大きなDRAMが狙われた。一九九二年には、サムスンがDRAMのシェア一位を獲得する。[*4] さらに、九〇年代後半には、韓国が日本を抜いて半導体生産国のトップに立った。

家電品の花形であるテレビにおいても地殻変動が起きる。二〇〇六年にサムスンが世界一の座に輝いたのだ。[*5] ブラウン管テレビの時代には、想像もできないことだった。そして、スマートフォンに至っては、日本企業の出る幕もないうちにサムスンが世界一に躍り出ていた。

一方の台湾企業は、間接的に日本企業へ打撃を与えた。自社ブランドを持たないEMSなので、B2C（一般消費者向け）市場で日本企業と直接ぶつかることはなかった。彼らは高度な生産技術力と、中国本土の安価な労働力で、大手企業の製造を請け負っただけだ。しかし、EMSがアップルやデルといったアメリカのハイテク企業の台頭を後押しし、間接的に日本企業を苦しめたのは間違いなかった。

記録メディア業界もご多分に漏れず、日本企業は新興勢力の攻勢にさらされた。

アナログ時代の記録メディア市場は日本企業の独壇場だった。カセットテープではソニー、マクセル、TDKが御三家だった。三社を合わせれば、全世界で八割以上のシェアを押さえていたのではないだろうか。市場には3M（スリーエム）やBASFなどの欧米企業も存在したが、日本企業の敵ではなかった。

ところが、そんな平和な時代もデジタル化とともに終わりを告げる。台湾企業が光ディスクCD-Rの生産に参入してきたのだ。先に述べたように、デジタル化によって製造現場の簡易化が実現していた。設備はコンパクトになり、巨大な工場も必要ない。おまけに、設備メーカーが積極的に生産設備を外販したので、製造の準備は比較的簡単に整えることができた。気づけばデジタル化にともない、参入障壁はずいぶん低くなっていた。

日本企業から数年遅れてCD-Rの生産を始めた台湾企業は、OEM（相手先ブランドの製品の生産）に集中した。設計を発注元が担うEMSとは異なるが、製造者が自社ブランドを持たない点では共通していた。

CD-Rの場合、日本企業と台湾企業の競争は、ほんの数年で決着がついた。台湾企業の圧勝だった。彼らは本格的な生産開始から五年ほどで、全世界で七割を超える生産シェアを獲得した。[*6] アナログ時代には負け知らずだった御三家（ソニー、マクセル、TDK）は、どこも戦略の見直しを迫られた。

このように、第一段階のデジタル化が進むにつれ、多岐にわたる製品分野で韓国企業や台湾企業が台頭し、日本企業を苦しめ始めた。これが二つ目の変化だった。

では、世界でトップを独走していた日本の電機メーカーは、これらの逆風に対し、どのように対応したのか。苦しい時こそデジタル化の本質を見失わずに「画期的な簡易化」を追求し、時短や低価格化、省力化を極めようとすべきだったのだが、実際はどうだったのか。日本企業の凋落の原因を知るには、その後の動きをもう少し追ってみる必要がある。

“三高信仰”の罠

日本の工業製品の形容詞と言えば、高品質、高性能だ。技術大国ニッポンの誇りとして、民間企業のみならず、広く日本社会に浸透しているこだわりだとも言える。「Made in Japan」はそのこだわりの代名詞だった。製品に「Made in Japan」と刻印されていれば、高品質、高性能だと世界中が認めてくれたのだ。

それだけではない。高度成長期の日本製品には、手頃な価格という強みもあった。高品質、高性能にもかかわらず、競合する欧米製品に比べ安価であることが大きな武器だった。ところが、手頃な価格を維持するのは簡単ではない。為替の影響も受けるし、人件費などのコストの上昇もある。いつまでも日本企業が低価格を武器にするのは難しかった。

九〇年代の終わりから、企業やマスメディアで「モノづくり」という言葉が流行り始める。「製造」がいつしか「モノづくり」に昇華したのだ。古語から生じたこの言葉には、ある種の神聖性が含まれていた。古来の匠の技を受け継ぐ「モノづくり」こそが日本の製造業の強みであり、繁栄の源だ、との思いが込められていた。

デジタル化が広がる中、製造業には迷いがあったのだろう。アメリカ企業のように自前主義を捨て、水平分業を目指せば、製造現場で働く社員の大量解雇が避けられない。かといって汎用品の大量生産では、韓国や台湾の新興勢力にコストで負けてしまう。技術大国ニッポンとしてのプライドを引きずりながらたどり着いた先は、高品質、高性能、それに高付加価値こそが日本の製造業の強みだ、とする結論だった。利幅の小さな汎用品を大量生産する「製造」ではなく、利幅の大きな付加価値製品を作る「モノづくり」こそが、日本企業に相応しいと考えたのだ。

多くの人が、高付加価値、高品質、高性能な製品であれば、価格が多少高くてもユーザーに今まで通り受け入れてもらえると信じた。いわば〝三高信仰〟だ。「安くてよいものを作れば必ず売れる」というアナログ時代のドグマ（教条）が、「よいものを作れば必ず売れる」に変わっていた。

実際に三高信仰は日本企業の製品開発に大きな影響を及ぼし始める。各社が目指した高付加価値、高品質、高性能の実態はどうだったのか、一つひとつ見ていこう。

二〇〇〇年代に多くの電機メーカーが高付加価値製品の開発を目論（もくろ）んだが、成功したと思われる例は少ない。ユーザーにとって本当に有益な付加価値を生み出すのは簡単ではないのだから、半ば当然の結果だった。

例えば、音響機器だ。記録メディアと同様に、携帯音楽プレイヤーやラジカセで圧倒的な力を誇っていた日本企業が、デジタル化とともに迷走を始め、やがて凋落を余儀なくされた製品カテゴリになる。

二〇〇一年、アップルは簡単で合法的なダウンロードサービス・iTunes（アイチューンズ）と、「一〇〇〇曲をポケットに」という触れ込みのiPod（アイポッド）を世に出した。手軽に音楽を楽しむための新しい手段として、ソフトとハードをセットで提供したのだ。iPodの登場で音楽の録音と再生は一段と簡便になった。新たな簡易化を成し遂げた製品とサービスは、瞬く間に世界中で受け入れられていった。

この時代の日本の音響メーカーも、アップルと同様に付加価値を模索していたのは間違いない。ところが、ユーザーが本当に必要とする価値は見つけられず、実行したのは単なる多機能化だった。例えば当時の人気製品であったミニコンポでは、ＣＤやＭＤのみならず、ＵＳＢ端子やＳＤカードスロットを搭載したモデルが現れる。中には、ハードディスクを搭載し、小さなスクリーンにフォトアルバムを映し出すミニコンポまで現れた。音響製品にもかかわらずだ。高付加価値化によって他社製品との差別化を図りたい、という各社の悪戦苦闘は、ゴチャゴチャといろいろな機能を加えることに留（とど）まっていた。

営業の現場からすれば、単なる多機能化でもありがたい話だっただろう。だいたいデキの悪い営業マンほど自らの営業力を棚に上げ、製品に差別化を求めるものだ。

「うちの製品には、他社さんにはない×××の機能が付いていますから」

この言葉は、似たような製品を仕入れたくないバイヤーへの強いアピールになるし、競合品との真正面からの価格競争を避ける言い訳にもなる。もしユーザーが追加した機能を気に入らなければ、そのぶん価格を下げれば邪魔にはならない。多機能化はデジタル化の本質である「画期的な簡易化」からは外れていたが、営業現場のニーズは満たしていた。

過ぎたるは猶（なお）及ばざるがごとし、とはよく言ったもので、日本企業が進めた高付加価値化（実質的には多機能化）に形勢を逆転させる力はなかった。日本の音響業界は次第に力を失い、やがて業界再編を余儀なくされる。残された国内のオーディオ市場では、気づけば

BOSE（ボーズ）やJBLなど、外資系企業が勢力を拡大させていた。

高付加価値化を進めたのは音響製品だけではない。衝撃に強いパソコンや、家の中の映像機器をネットワーク化するブルーレイレコーダー、立体映像が見られる3Dテレビなど、多くの製品にさまざまな付加価値が付けられた。規格製品のため差別化が難しい記録メディアでさえ、TDKは記録面に傷がつきにくい光ディスクを売ったりもした。今にして思えば、付加価値というより、少しでも売価を上げて利幅を稼ごうとするギミック（仕掛け）に過ぎなかったのだが、当事者からすれば真剣だった。

振り返ってみれば、日本企業の高付加価値の実態は、ユーザーのニーズよりメーカーの都合を優先していた感が否めない。それでも日本市場では消費者の日本ブランド信仰に助けられて何とか生き残ったが、海外市場ではまったくと言ってよいほど受け入れてもらえなかった。ユーザーニーズに沿わない機能を加え、その結果コストが上昇して割高になっていたのだから、ヒットしないのも当然だった。

世界の中でユニークな家電製品が溢れる日本市場は、独自の生態系をもつ島になぞらえてガラパゴス市場と呼ばれている。その呼び名には、本流から外れた日本企業を揶揄（やゆ）する意味合いも込められている。高付加価値の名の下に多機能化に走り、「画期的な簡易化」

を軽視した日本製品が力を失っていくのは必然的な結果だった。

アナログ御三家の敗北

問題は高付加価値化だけではなかった。多くの日本の電機メーカーがこだわった高品質も、必ずしもデジタル化の本質に沿ってはいなかった。

日本企業を追う韓国や台湾の新興勢力は、コスト競争力を重視していた。低価格、すなわち買い求めやすさという簡易化を徹底的に追求した。品質に関しては日本製品に多少見劣りしても、価格では負けないという後発企業の戦略だ。

記録メディア事業では、デジタル化にともないCD-Rの製造に台湾企業が参入してきたのは先に述べた通りだ。その台湾製品が市場で目立ち始めた一九九八年に、私はアメリカの現地法人に赴任した。

アメリカ市場において、自社ブランドを持たない台湾企業はメモレックスというローカルブランドと手を組んだ。しかし、アナログ時代に圧倒的な強さを誇っていた御三家（ソニー、マクセル、TDK）にとって、メモレックスブランドなど大した脅威ではない。弱者同士の協業に、当初は強い危機感など生まれなかった。

ところが、メモレックスが圧倒的な価格競争力を武器に、CD-R市場でシェアナンバーワンに躍り出る。最前線に立つ営業部門は、誰よりも早くその勢いを肌で感じていた。

ある営業会議の席だった。

「このままでは、メモレックスの価格攻勢に惨敗する。TDKも自社生産にこだわらず、台湾メーカーから安いCD-Rを調達すべきだ！」

最前線から悲鳴のような訴えが上がった。

しかし、営業が言うほど、ことは簡単ではない。何より、台湾製品の品質上の懸念を払拭する必要があった。品質検査の数値を見る限り、台湾製のCD-Rは明らかにTDK製品より劣っていた。もし台湾企業から仕入れて自社ブランドで販売し、品質問題が生じれば、長い年月をかけて築いてきた高品質というブランドイメージを毀損する恐れがある。現地法人の経営陣とスタッフは、台湾製品の採用に慎重だった。

自社工場の収益の問題もあった。メモレックスが先導した売価下落のせいで、CD-Rは赤字製品になっていた。台湾企業から仕入れて自社工場の稼働率が落ちれば、固定費の負担が重くなる。ただでさえ収益で苦しんでいるのに、これ以上赤字幅を広げるわけにはいかない。安易に外部調達を求めるのは、営業としての責任の放棄だった。

アメリカ法人では新参者だった私は、末席で営業現場の声に頷きつつも、諸手を挙げて賛成する気にはなれなかった。低価格だけを売り物にするメモレックスと同じ土俵に立つのは先行する企業に相応しくないし、ＴＤＫのブランド力や高い品質をもってすれば、最終的にはメモレックスに勝てると信じて疑わなかったのだ。当時の私は、デジタル化にともなう二つの変化（製品の均一化と韓国、台湾企業の台頭）を深刻に捉えておらず、まだアナログの世界にどっぷりと浸かったままだった。

アナログ時代の御三家が手をこまねいているうちに、メモレックスはアメリカで盤石なトップシェアを獲得した。一度市場を支配すればブランドは定着し、流通との関係も強化される。同社にＯＥＭ供給する台湾企業も同様だ。規模が大きくなれば、誰も簡単には事業を放棄できない。

先に白旗を上げたのは日本企業だった。くだんの営業会議から一年も経たずに、台湾企業から製品の調達を始めざるを得なくなった。時間が経過しても自社製品のコストは思うように下がらず、メモレックスとまともに戦えなかったのだ。ＴＤＫは自社工場を残しつつ台湾企業からの購入を開始し、ソニーやマクセルもあとに続いた。

ところが、台湾企業から仕入れたＣＤ-Ｒを発売しても、懸念された深刻な品質問題は発生しなかった。台湾製品の品質は数値の上では自社製品に劣っていたが、実際にユーザーが使用する局面では問題になるほどの差は生まれなかったのだ。極端な言い方をすれば、自社生産のＣＤ-Ｒは過剰品質だったのだ。ＴＤＫは追加的なコストをかけて、ユーザーが必要とする以上の品質を提供していたことになる。これではメモレックスと台湾企業との連合に負けても仕方がなかった。

ジョージア州にあったＴＤＫのＣＤ-Ｒ工場は、二〇〇一年に閉鎖となった。同製品の生産を開始して、わずか五年ほどしか経っていなかった。多くの現地人社員が会社を去らなければならなかったのは、言うまでもない。

第一段階のデジタル化の本質が「画期的な簡易化」だということを踏まえれば、台湾企業の戦略は理に適(かな)っていたと言える。許容できる一定の水準に品質を留め、低価格（買い求めやすさ）を追求したのは彼らにとって正しい選択だった。

一方のＴＤＫや他の日本企業には過去の成功体験もあって、品質の高さこそが自社の強みだという自負があった。最高品質を目指し、妥協を許さない姿勢は称賛されるべきものだったが、ユーザーが求める以上の品質を、追加的なコストをかけて提供していたのは間違いだったと言わざるを得ない。

むろんＴＤＫが品質基準を多少緩和したところで、コストで台湾企業に勝つのは難しかったはずだ。しかし、品質を隠れ蓑にせず、早い段階からコスト競争に真正面から向き合っていれば、自社生産の競争力のなさに気づくのも早まったはずだ。そうすれば、生産能力の拡大の前に、台湾企業との資本提携や合弁など、違う選択肢が広がっていたように思えてならない。

一時は世界で八〇％のシェアを獲得した産業のコメ、半導体メモリーＤＲＡＭでも似たような現象が起こる。その影響は光ディスクよりはるかに大きかった。

世界を席巻した日本の半導体はなぜ敗れたか

湯之上隆氏の著書『日本型モノづくりの敗北』（文春新書、二〇一三年）によれば、日本のＤＲＡＭはイノベーションのジレンマに陥り、衰退の道をたどったのだという。元半導体のエンジニアだった湯之上氏の分析は明確だ。

同書によると、八〇年代のＤＲＡＭの使用用途は、主に大型コンピューターや電話交換機だったそうだ。必然的に品質への要求は厳しく、得意先からは二五年保証などというケタ違いの数値スペックを要求された。ところが、日本の半導体メーカーは持ち前の高い技術力で厳しい要求に応える。その結果、日本製ＤＲＡＭは高品質を武器に世界の市場を圧倒するようになった。もちろん当時の日本企業には低コストという大きな強みもあった。

ところが、九〇年代に入ると、新しい需要が拡大してくる。パソコン用だ。求められるのは低コストと物量に変わる。大型コンピューターや電話交換機に求められた二五年保証は、パソコンには明らかに過剰品質だった。

その市場の変化に目をつけたのがサムスンなどの新興勢力だった。日本の半導体メーカーも新しい需要の出現や、新興勢力の台頭に気づいてはいた。しかし、パソコン用にも高品質で高価格なＤＲＡＭを製造し続ける。最大の理由は、当時の主要顧客はあくまで大型コンピューター・メーカーで、伸びるパソコン向け需要を軽視してしまったからだった。日本企業は高い品質の製品を作るのは得意だったが、韓国企業に比べると高コスト体質であり、安価な半導体を作るのには限界があった。その弱みをサムスンに突かれた。

時代は流れ、令和を迎えた今日、ＤＲＡＭを製造する大手電機メーカーはない。日立、東芝、ＮＥＣなど、日本の名だたる企業がサムスンやＳＫハイニックスに完敗した。

ちなみに、湯之上氏が指摘したイノベーションのジレンマとは、先を行く大企業が、あとから来る企業に足をすくわれる現象のことだ。後発企業は、新しい技術や低コストを武器にシェアの拡大を図る。先行する企業は優れた既存技術や事業に固執するあまり、新しい需要への対応が遅れ、最終的には追い抜かれるわけだ。DRAMのみならず、記録メディア業界の御三家にも当てはまる話だった。

いずれの業界でも最高の品質を目指せば、コスト削減がトレードオフになるのは避けられない。最終的にはユーザーが品質とコストのバランスを判断するのだが、残念ながらDRAMやCD-Rの場合は、日本企業のバランス感覚はユーザーの感覚と一致していなかった。最高品質では、イノベーションのジレンマを防ぐことなどできなかったのだ。

ロードマップというレールから外れられない

高付加価値、高品質を目指した日本企業は、高性能にも強いこだわりを持っていた。

一般的に企業には製品開発ロードマップというものがある。五年、一〇年という時間軸で、いつ、どのような製品が開発されるかを示した計画表だ。技術的な裏付けがあり、その技術開発に必要な時間を加味した上で、ロードマップは作られている。マップ上に並ぶ未来の製品の性能が、現状より格段に改善しているのは当然だ。現存する製品からの大容量化、高精細化、微細化、高速化などにより、高性能化が図られているのだ。

例えば光ディスクの場合、CD-Rが開発された時には、すでにその技術の延長線上にDVDやブルーレイのような大容量ディスクの開発計画があった。名称はともかく、音楽のデジタル記録が可能になった時点で、製品開発ロードマップ上には動画まで記録が可能な容量が大きくなった未来の製品が載っていたのだ。

日本企業はロードマップを実現するのが得意だ。理論上予測される将来技術を、日々の研究開発で着実に実現させるのだ。昔から日本企業はイノベーションを起こすのは苦手だが、改良するのは得意だと言われてきた。日本企業がロードマップを確実に実現してゆく姿は、まさしく改良する能力の高さを証明していると言えた。もちろん、悪いことではない。ラジオも、ブラウン管テレビも、新しい技術を取り入れながら改良を重ね、世界を席巻していったのだ。

ところが、ここで問題が起きる。多くの企業で製品開発ロードマップの実現自体が目的化し、新技術が市場で受け入れられるかどうかを吟味するのが疎(おろそ)かになったのだ。他社に先んじて製品化するのが優先され、ユーザーが求める価値、すなわち「画期的な簡易化」の提供につながるのかどうかの見極めが二の次になっていた。ここでもデジタル化の本質が軽視された。

ロードマップに固執した理由には、無自覚な組織防衛もあっただろう。ロードマップ上の製品開発を中止すれば、その研究開発を担うチームは存在意義を失う。もし規模の大きな新製品であれば、事業部門全体が価値を失う恐れすらある。開発の当事者がロードマップに載っている製品を指さして、「この新製品の需要は見込めないので、開発を中止しましょう」と言い出せないのはやむを得なかった。

実際に、光ディスクではロードマップに沿って開発した大型新製品が、まったく市場に受け入れられないという事態が起きる。ブルーレイだ。多くの名だたる企業が参加し、鳴り物入りで開発されたブルーレイは、欧米のB2C市場では、まったくと言っていいほど需要がなかった。日本市場ではかろうじて立ち上がったものの、莫大な開発投資に見合った市場規模があったとは、とても言えない。

そもそもブルーレイはユーザーに新しい簡易化を提供できる技術ではなかったのだから、海外で普及が進まなかったのも仕方がない。テレビ番組や映画を録画するなら、画質は劣るがDVDがすでに存在したし、ハードディスクの大容量化も進んでいた。さらに言えば、海外では動画配信サービスがすでに広がり始め、何かを個人で録画して保存するという文化さえ廃れようとしていた。それらの市場の変化に目を向けず、ただロードマップを実現したところでブルーレイの需要が生まれるはずもなかった。

本来であれば、営業部門が市場に目を凝らし、このような変化をいち早く捉え、ブルーレイの需要に懸念を表明すべきだった。当時のアメリカ法人の同僚は、「アメリカではブルーレイのニーズはない」と言い切っていた。ところが、製品開発に水を差したくなかった私は、この指摘を日本にフィードバックしなかった。ロードマップに載った製品開発を中止する選択肢など私は考えたこともなく、高性能化をいち早く実現するのは、日本企業が台湾企業との差別化を図る上での切り札だと信じて疑わなかったからだ。

一般的に、新しい製品はシーズ（新しい技術）かニーズ（市場での需要）から生まれるという。シーズから生まれたブルーレイは、ニーズを軽視しすぎ、失敗したのだ。

ニーズよりシーズを優先

半導体メモリー（DRAM）でも、最先端にこだわった日本企業が韓国企業に足をすくわれた例があった。九〇年代はじめ、日本企業は当時最先端だった四メガビットのDRAMの生産に注力する。理由は、最先端の製品であれば韓国メーカーとの泥沼の価格競争を回避でき、収益性も高いと予測されたからだ。ところが、四メガビットの市場ニーズが思ったほど立ち上がらず、一メガビットのＤＲＡＭに留まっていたサムスンが一気に受注を増やす。日本よりひと世代前のメモリーに注力するサムスンの戦略が、皮肉にも同社を世界一に押し上げる要因になったのだ。[*7]

ブルーレイと違い、四メガビットのＤＲＡＭに市場ニーズがなかったわけではない。ニーズより先走りしすぎたのだ。とはいえ、製品化に際しシーズに重点を置き、ニーズの検証が不十分であった点はブルーレイの失敗と重なるところがあった。

薄型テレビの高画質化競争にも、ユーザーニーズを置き去りにしている兆しがある。液晶は２Ｋ、４Ｋ、８Ｋと進み、16Ｋまで世の中に出始めた。解像度の違いによるテレビの画質差は、確かに目で見てわかる。しかしながら、２Ｋと４Ｋの差、あるいは４Ｋと８Ｋの差が、ユーザーにとってどれほどのメリットになっているのかは甚だ疑問だ。技術の追求は理解できるが、それに投じられた資金を回収できるのか、検証が必要だろう。

ブルーレイ、最先端のＤＲＡＭ、８Ｋテレビなど、日本企業は高性能化を目指し、多くの経営資源を投入してきた。しかし、高性能な製品で新興勢力に打ち勝つという所期の目的は達成できなかった。どれだけ性能を高めたとしても、買い求めやすさと性能向上のバランスが取れていなければ、ユーザーには受け入れてもらえない。たとえ最先端の技術を利用した高性能な製品でも、デジタル化の本質から外れていれば普及しないのだ。

技術革新がなければ、企業の成長は止まる。製品開発において高性能、高付加価値を追い求めるのは不可欠だ。消費者に対し品質に不安のない製品を提供する必要があるのは、言うまでもない。品質に不安のある製品など、誰も買ってくれない。

しかし、ユーザーが求めているのは、高品質、高性能、高付加価値だけではない。使い勝手のよさや買い求めやすさは、より強いニーズだ。にもかかわらず、デジタル化が進む中で自社の強みだけに拘泥し、ユーザーの本質的なニーズに目をつぶったことが日本の電機業界が凋落した原因の一つであり、まさしく誤認の罪なのだ。

プラットフォームでも技術でも負けた

視点を第二段階のデジタル化が隆盛を極める現代に移そう。時代はＧＡＦＡが全盛だ。

わずか三クリックで買い物が完了するアマゾン。おまけに、消費者の評価まで教えてくれる。目当てのものを探していくつも店をハシゴして歩くなど過去の話だ。

人と人を簡単につないでくれるフェイスブック。懐かしい友人の近況が、毎日のように伝わってくる。連絡が途絶えた友人を、あの手この手で探す手間はずいぶん減った。

虫眼鏡マークの横にキーワードを入れるだけで何でも教えてくれるグーグル。知らないことなど何もない。わざわざ図書館に出向いて、探している情報を本の山から引っ張り出す必要はなくなった。

ポケットサイズのコンピューター兼エンターテインメント機器を作り出したアップル。いつでも、どこでも簡単にインターネットにつながる世界を実現した。おかげでGAFAのサービスを手軽に利用できるのだ。

これらの限られた事実からだけでも、第二段階のデジタル化の本質も「画期的な簡易化」から変わっていないのがわかる。

GAFA以外にも、配車サービスのウーバーやリフト、動画配信サービスのネットフリックスなど、アメリカにはさまざまなプラットフォーマーが出現した。かたや近年では、アリババやテンセント、バイトダンスなどの中国企業も、自国の市場規模の大きさもあってその勢力を強めている。アメリカ企業であれ、中国企業であれ、どの企業も独自のサービスによって「画期的な簡易化」を提供しているのは変わらない。

一方で、世界的なプラットフォーマーと呼べる日本企業は存在しない。その事実は、国境をまたいでやり取りされるデータ量にも表れている。「日本経済新聞」によると、二〇〇一年には主要一一ヵ国の中で五位だった日本の越境データ量は、二〇一九年には最下位に沈んだ（図1）。中国との比較では、二〇〇一年には同国の一・五倍あった越境データ量が、二〇一九年には逆に同国のたった五％にまで落ち込んでいる。[*8] これらの事実は、世界的なプラットフォーマーが存在しない日本を象徴している。二〇世紀の最重要資源は石油だったが、二一世紀ではそれがデータに代わると言われている。家電製品だけでなく、データまでもがガラパゴス化しているのであれば、事態は深刻だ。

さらに、負けているのはプラットフォームだけではない。第二段階のデジタル化を支える製品、技術を見ても、日本企業の存在感は非常に薄い。

通信の要（かなめ）になる基地局のビジネスは、中国企業ファーウェイが先行し、そのあとをエリクソン（スウェーデン）とノキア（フィンランド）が追う。日本企業は大きく後れをとっており、その市場シェアは一％にも満たない。[*9]

スマートフォンも同様だ。アメリカの調査会社ガートナーによれば、二〇二一年のスマートフォンシェアは、一位がサムスン、二位にアップルがつけ、三位以下はシャオミ、オッポなどの中国メーカーが続く。[*10] 日本勢が存在感を維持できているのは国内市場だけだ。

半導体に至っては、韓国、台湾、アメリカが先行し、日本企業はＮＡＮＤ（ナンド）型フラッシュ

図1　主要11ヵ国・地域の越境データ量

	2001年	2019年
1	アメリカ	中国・香港
2	イギリス	アメリカ
3	ドイツ	イギリス
4	フランス	インド
5	日本	シンガポール
6	中国・香港	ブラジル
7	ブラジル	ベトナム
8	ロシア	ロシア
9	シンガポール	ドイツ
10	インド	フランス
11	ベトナム	日本

出典　「日本経済新聞」2020年11月24日

メモリーやCMOS（シーモス）イメージセンサーで一定の存在感を発揮している程度だ。多くの大手電機メーカーは、すでに半導体事業を縮小している。生産設備や材料では健闘しているものの、半導体自体については、世界を席巻したかつての勢いは失われて久しい。

このように第二段階のデジタル化を迎えても、日本企業が存在感を発揮できなかった原因はいろいろあっただろう。投資金額の肥大化や、NTTを中心とした通信業界のガラパゴス化などは多くで語られているところだ。

ただ、それらに加え、相変わらず日本企業がデジタル化の本質を見誤っていたことも、低迷の理由の一つだったと思えてならない。インターネットを利用して、どのようなサービスを提供すれば「画期的な簡易化」を実現できるか。人々にその簡易化を体験してもらうには、どのような技術やデバイスが必要なのか。これらの疑問を突き詰め、独自の答えを導き出す構想力を日本企業は欠いていたのだ。

携帯電話（フィーチャーフォン）にインターネット接続や、テレビ視聴、カメラ機能などを加え、多機能化、高性能化するのには熱心だったが、肝心のスマートフォンではアップルやサムスンの後塵（こうじん）を拝したのは、第二段階のデジタル化を迎えても変われていなかった日本企業を象徴する出来事だった。

残念ながら第二段階のデジタル化はすでに成熟期を迎えており、これから日本企業が主役に躍り出る可能性は極めて低い。プラットフォーマーは言うに及ばず、通信インフラや半導体での出遅れを挽回（ばんかい）するには、相応の時間を要するだろう。

第三のデジタル化で失地回復はできるか？

しかし、幸いにも時代は進んでいく。

デジタル化を考える時、私の頭には一つの絵が思い浮かぶ。学校の理科室に貼られていた人類の進化の絵だ。左端に背が曲がった猿人の歩く姿が描かれ、隣に原人、旧人などが並び、右端に現代人であるホモサピエンスが描かれている。発達するにつれて背筋が伸び、背が高くなっていくシルエットが人類の進化を可視化していた。

この進化の絵にたとえれば、アナログからデジタルへの移行が実現した第一段階のデジタル化は、左端の猿人に過ぎない。パソコンの登場と、アナログデータのデジタル変換は人類が二足歩行を始めたような画期的な出来事だったが、進歩の度合としては石器で作った道具を使い始めた程度だ。

猿人より少し背が伸び、前屈み（まえかが）で歩く原人は、第二段階のデジタル化を迎えて隆盛を極めるプラットフォーマーだろう。それでも人類の進化の過程では、知能の発達により言葉を生み、火を使い始めた程度だ。いまだ、ホモサピエンスとの差は大きい。

猿人、原人と進化を遂げれば、次は旧人が現れる。実際に第三段階のデジタル化は、すでにその姿を見せ始めている。もちろん次のステップも、その本質が「画期的な簡易化」であることに変わりはない。ポイントは、どの分野を、どのような手段で簡易化するかだ。

見えてきた第三段階のデジタル化とは、５Ｇを使ったＩｏＴ技術（さまざまなモノをインターネットとつなぐ技術）で集められたデータをＡＩが解析し、その結果を有益なサービスに変えて顧客に提供することだ。顧客は課題解決の簡易化が可能になる。いわゆるDX（デジタル・トランスフォーメーション）だ。先端技術をすべてつなぎ合わせたような予測には、流行ものに乗っかるような気恥ずかしさを覚えるが、このイノベーションが第三段階のデジタル化になるのは間違いないだろう。

次の進化を可能にする大きな要素に、通信技術の発展がある。5Gの登場で最大通信速度は4Gの二〇倍速くなり、通信にともなう遅延時間は一〇分の一に短縮され、同時接続可能数も一〇倍に増加する。[*11] 4Gはスマートフォンの登場を促し、動画配信サービスなどを可能にしたが、5Gが引き起こす変革の大きさはその比ではなさそうだ。

具体的には、医療現場での遠隔治療や、建設現場での重機の遠隔操作などが可能になると言われている。トラックの隊列走行や、渋滞緩和策など、交通の分野での改革も実現するだろう。製造や農業の現場での変革も起こるはずだ。工場や倉庫の業務改善といったレベルの話では、まったくない。最新のIT技術を使って産業の現場でコスト削減、無人化、遠隔化、時間短縮などを実現させ、企業そのものに改革を起こす。さらに、その企業改革が、労働環境の改善や地方医療の充実などの社会変革につながる。この一連の流れこそが第三段階のデジタル化なのだ。

では、第三のデジタル化で日本企業は失地回復ができるのだろうか。

第三のデジタル化が主にB2B（法人向け）の市場で起こるのは、日本企業にとって確実にプラスに働く。一般的にB2B市場のユーザーは民間企業や公官庁であり、製品やサービスの選択基準が一般消費者より合理的だ。複数の候補のコスト、性能、品質、アフターサービスなどを厳しく比較して採用を決める。B2C市場のように、ブランドイメージや流行が強い力を発揮するわけではない。必然的に、GAFAのような勝者総取りは起こりづらくなる。優れた製品やサービスがあれば、後発企業でも巻き返すのは十分可能だ。

おまけに、第三段階のデジタル化の核となる生産現場や物流現場での効率化は、もともと日本企業が得意としていた領域だ。かつて、カイゼンやカンバン方式は世界中の企業に影響を与えた。第三段階のデジタル化がB2B市場で起こることは、日本企業にとっては追い風になる。

実際に、パナソニックは二〇二一年に製造・流通業向けソフトウェアを手がけるアメリカ企業ブルーヨンダー社を、約七七〇〇億円を投じて買収した。ブルーヨンダー社のソフトウェアと、自社のハードウェアを組み合わせ、第三段階のデジタル化を主導しようと狙っているのは間違いない。ぜひ、期待したいところだ。

また、必ずしも喜ばしい話ではないが、米中対立の激化で必要性が増す経済安全保障の広がりも、日本企業にとっての追い風となり得る。経済のブロック化が進み、アメリカやヨーロッパの企業で中国企業を敬遠する動きが強まれば、日本企業にとってはシェア拡大のチャンスが広がる。もちろん、その代償として中国市場での日本企業の地盤沈下や、地政学的リスクの拡大など、より大きなマイナス要素が広がるのは言うまでもない。

とはいえ、これらの追い風があっても、第三段階のデジタル化において日本の電機メーカーが大きく巻き返すのは容易ではない。基幹技術で後れをとっている現実を考えれば、パナソニックのようにM&A（企業の合併・買収）で欠けている部分を補っていくしかない。

大切なのは、デジタル化の本質から再び外れないことだ。手間取ったことが簡単にできる、時間がかかったことがすぐにできる、莫大な出費が必要だったのが安価でできる。工場、病院、建設現場、さまざまな現場で、「画期的な簡易化」を実現できる製品やサービスを提供するのだ。過剰な品質や機能、過大なコストの罠に陥らなければ、日本企業にも必ず復活のチャンスがあるはずだ。

第二章　慢心の罪

「台湾？　心配いらないよ」

なぜ日本企業は、高付加価値、高品質、高性能を極めれば、コストで劣勢でも韓国企業や台湾企業に勝てると思ったのだろうか。メーカーが日々シェア争いをする中で、コストが極めて重要な要素であるのは誰もが身に染みてわかっている。にもかかわらず、なぜコストで負けている現実を軽視したのか、どうしても違和感をぬぐえない。日本企業がデジタル化の本質から目を背けたというだけでは、うまく説明がつかないのだ。

たびたび蘇ってくる私の記憶に、TDK時代のある会議の光景がある。事業計画検討会と名付けられた重要な会議だ。広い会議室の上座には、記録メディア事業本部を率いる役員と、取り巻きのスタッフが陣取っている。正面を開け、コの字型に並ぶ机には、世界中から集まった各部門の責任者がずらりと並ぶ。多くの出席者が不機嫌さをあえて誇示するように、タバコを吹かしていた。まだ若手社員だった私は、アジア部門の企画担当として山のような資料を膝に載せ、コの字から一歩下がった壁沿いに小さくなって座っていた。

会議の目的は部門ごとに翌期の事業計画を確定させていくことだったが、世界中の幹部社員が一堂に会する機会は他になく、さまざまな案件も合わせて議論された。

それは、全世界の光ディスク事業を仕切る製造部門の時間だった。

「最近、台湾市場では地元製のCD-Rが出回り始めたんですが、値段がウチより三、四割安くて困っています。製造部は台湾製のCD-Rをどのように認識しているのですか?」

東アジア地域の営業責任者が、前に立つ製造部の代表者に問うた。

当時は光ディスクの黎明期で、台湾企業がCD-Rの生産を始めて間もない頃だった。欧米や日本ではまだ目にする機会はなかったが、地元台湾では低価格で試し売りされていた。

「台湾? 心配いらないよ」

製造部の代表者は、余裕の笑みさえ浮かべていた。

「CD-Rを作るのは、すごく難しいんだよ。台湾メーカーには、簡単には真似できないから。奴らには、ちゃんとした品質のモノなんて作れないよ」

彼は自信に溢れて見えた。自分たちの苦労を思い起こし、新参者には簡単には追い付けないと確信していたのだろう。

技術者が自らの技術力に自信を持つのは当然だ。決して非難されることではない。実際に彼らの多大な努力の結果として、新しい製品が生み出されただけでなく、安定した歩留まりや品質が実現できていたのだ。強気な振る舞いも理解できる。

しかし、結果的には製造部の見込みは甘かった。台湾企業は生産開始からわずか五年ほどで全世界を席巻し、生産シェアを七割以上にまで拡大させたのは先に述べた通りだ。

偉そうに回想する私自身も、決して褒められたものではない。当時の私は記録メディア事業で日本企業が負けるなど、まったく想像していなかった。実際に、アナログ時代に韓国企業がカセットテープやＶＨＳテープに参入してきたが、日本企業の優位性はまったく揺るがなかった。自分たちの競合は日本企業だけであり、今さら韓国や台湾の企業が進出してきても我々に敵うはずがない、としか思っていなかった。

おそらく出席者の多くも私と同じ考えだったのだろう。台湾製ＣＤ-Ｒの出現は誰の関心も引かず、代表者が答え終えると質疑は次の案件に流れていった。

ところが、最近になって偶然目にしたあるインタビュー記事によって、私は記憶から蘇った会議の失敗が致命的なものだったと確信するに至った。

台湾企業にコストと物量で敵わなくなった御三家（ソニー、マクセル、ＴＤＫ）は、先の会議の数年後にはＣＤ-Ｒの生産からの撤退、あるいは規模の縮小に追い込まれ、海外メーカーに生産を委託した。しかし、そのような状況でも、大規模な製造を継続できた日本企業が一社だけあった。太陽誘電だ。同社はCD-Rの開発を主導した企業の一つで、基幹特許を持つ優位性があるのは当時から知られていた。しかし、太陽誘電が事業を継続できたのは、特許だけではない別の理由もあったのだ。

浜田恵美子(はまだえみこ)氏は太陽誘電の研究者で、CD-Rの開発に多大な貢献をした人物だ。業界では、「CD-Rの母」として知られている。「OplusE」に掲載されたインタビュー記事によると、台湾企業が製造を始めて間もない頃、氏は同製品の発明者として台湾に呼ばれ講演する機会があったそうだ。そして、講演を終えると、せっかくの機会なので現地の企業を見学して回った。[*1] おそらく私の記憶にあったくだんの会議と同じ頃だったのだろう。

インタビューで浜田氏はこう語っている。

「それぞれの台湾メーカーがどれぐらいの規模で、どんなことを考えてやっているのかというのが見えてきまして、私自身もそのころから台湾の新聞をちゃんと毎日読むようにしていましたので、先方の状況をかなり正確に把握することができました。ですから、それに基づいて戦略を立ててやっていました。(中略)割とちゃんとやるべきことをやっていたと思います。しかしながら、後から参入して撤退していったほかの日本メーカーは、意外とそこまでちゃんとやってはいないのです。それでは負けて当たり前だと思います」

（傍点筆者）

このインタビュー記事を読んだ私は、しばらく言葉を失った。浜田氏の指摘が、あの会議の様子を見事に言い当てているような気がしたのだ。確かに私たちは、ちゃんとやるべきことをやっていなかった。日本企業が負けるはずがないというアナログ時代からの無敵感に浸って、合理的な理由もなしに台湾企業の技術力を侮ったのだ。

このような道理に合わない判断を組織として行ったのは、ＴＤＫだけではなかったのだろう。浜田氏が指摘したように、その後の推移を見れば、太陽誘電以外の他社もＴＤＫと同様だったと思われる。成功体験のある老舗企業ほど、新興勢力を正しく評価するのが難しかったようだ。

記録メディア事業の老舗企業に巣食い、その目を曇らせたのは慢心だったのは間違いない。慢心によって根拠のない楽観論に浸り、ちゃんとやるべきことをやらなかった。この不作為こそが、その名の通り慢心の罪なのだ。

ジャパン・アズ・ナンバーワン

自分自身の力に驕り高ぶり、鼻持ちならなくなった人間など滅多に会うものではない。

私のサラリーマン生活を思い返しても、そんな人間はすぐには思い出せないくらいだ。偉くなると誰もが傲慢になり、自己保身に汲々とするのはテレビドラマの世界だけだ。多くの人が慢心に陥る恥ずかしさを知っている。表に出すことで人望を失い、評判を落とすこともわかっている。たとえ心の奥底に慢心が芽生えても、それをうまく抑え込む術を身につけている。

ところが、組織になるとなぜか様相は一変する。不思議なことに集団の中において、人は簡単に慢心に陥るようだ。私自身が台湾企業を軽視していたのも、今となっては慢心があったと言わざるを得ないが、サラリーマン時代を振り返っても、長い伝統を誇る企業や時流に乗った企業の社員に結構な割合で勘違いしている人がいた。ちなみに、それはアメリカでも同じだったので、おそらく国民性とは関係のない人間の性なのだろう。

では、なぜそのような慢心が日本の組織に巣食ってしまい、今日に至っているのか。その歴史を少し振り返ってみたい。

敗戦ですべてを失った日本企業に、慢心があったはずはない。再興しようとするハングリー精神は旺盛だっただろうし、慢心とは無縁だったはずだ。やがて日本経済は、戦後の混乱期、朝鮮戦争特需を経て高度成長期に入った。世界を驚かせた日本経済の高度成長は、一般的には一九五五年から一九七三年まで続いたと言われている。ちなみに一九五五年は、のちに世界を席巻するトランジスタラジオを、ソニーが日本で初めて発売した年だった。そんな高度経済成長の真っ只中だった一九六一年に私は生まれた。成長するにともない、家の中の電化が目に見えて進む。小学生の頃にカラーテレビやラジカセ、クーラーが我が家にやって来た。電気製品だけではない。黒電話が引かれた日、瞬間湯沸かし器のおかげで、湯で顔を洗えるようになった日、カローラが我が家にやって来た日は今でも鮮明に覚えている。子供心にも生活水準がどんどん改善していく実感があった。

生活を豊かにしてくれる製品は、どれも日本製だった。ラジオに続き、日本製のカラーテレビやラジカセ、それに自動車などが国内だけでなく世界中で認められていく。事業の拡大に合わせ、多くの日本企業が自社の技術力やブランド力に自信を深めていった。

自信を持つには他者からの評価も大切だ。豚もおだてりゃ木に登るとはよく言ったもので、周囲からの高い評価は、自己評価を格段に引き上げる。

一九七九年に一冊の本がベストセラーになる。エズラ・F・ヴォーゲル氏が書いた『ジャパンアズナンバーワン』（TBSブリタニカ）だ。同書は今読み返すと少し気恥ずかしいほど日本を褒めあげている。企業の技術力や生産性の高さは言うに及ばず、終身雇用制度、良質な労働力、高い教育水準、優れた官僚制度などが称賛され、果ては警察の交番まで高く評価されていた。

『ジャパンアズナンバーワン』の目的は、日本に媚を売ることでも、日本を世界一だと吹聴することでもなかった。過去の成功に胡坐をかき、過剰なまでのプライドに苦しんでいたアメリカ人に、たとえアジアの小国であったとしても日本の優れた面を学び、アメリカを立て直すよう叱咤激励するのが目的だった。だから、ジャパン・イズ・ナンバーワンではなく、ジャパン・アズ・ナンバーワンだったのだ。

ところが、このタイトルは著者の意図と離れ、多くの日本人の自尊心をくすぐる。高校生になっていた私も例外ではなかった。実際に本を読みもせず、もちろん著者の意図など理解もせずに、日本は世界で一番優れた国なのだとお墨付きをもらった気になっていた。のんきなものである。

直接的な称賛だけではない。広がる貿易摩擦を理由に日本叩きに必死になるアメリカの姿も、間接的に自尊心をくすぐる効果があった。屈強なアメリカ人労働者に囲まれた小さな日本車がハンマーで叩き壊される映像は、日本でも大きなニュースになった。ユーチューブで「貿易摩擦　日本車」と検索すれば、当時のニュース映像が出てくるはずだ。世界情勢に疎かった学生の私には、その映像はナンバーワンの座を日本に奪われようとするアメリカの八つ当たりにしか見えなかった。おそらく多くの日本人が同じ思いだったのではないだろうか。それは不快ではあったが、同時に日本企業の強さを象徴しているようでもあった。

バブルのピークと『「NO」と言える日本』

このように、八〇年代のアメリカでの日本製品に対する排斥運動は、日本人にある種の優越感を植え付ける側面があった。優越感の対象は、日本企業の技術開発力や製品の品質といった定量的なものだけでなく、労働者の質の高さや日本人の気質といった定性的なものにまで及んだ。

バブルの入り口に立つ一九八六年、自民党研修会で国のトップがその優越感をのぞかせる。当時の総理大臣、中曽根康弘（なかそねやすひろ）氏だ。

「日本はこれだけ高学歴社会になって、そうとうインテリジェントなソサエティーになってきておる。アメリカなんかよりはるかにそうだ。平均点からみたら、アメリカには黒人とかプエルトリコとかメキシカンとか、そういうのがそうとうおって、平均的にみたら非常にまだ低い」[*2]

このスピーチは知的水準発言と呼ばれ、世間を騒がせた。

今読んでも、真面目で勤勉な日本人労働者への自負心が露骨に表れている。教育熱心な国民性という思いも氏の頭にあったのだろう。総理大臣が自国民を誇るのは当然だが、中曽根氏の言葉からは、日本人に対する自信が過信に変質していた様子が見て取れる。

ちなみに、この妄言はアメリカのマスコミに取り上げられたことで反発が広がり、中曽根氏は謝罪に追い込まれた。当然の結末だろう。どう解釈しても、この知的水準発言は言い訳の余地もないほど差別的だ。しかし、人種の要素を除いて、アメリカと日本の労働者の質の比較だと捉えれば、私自身を含め、当時の日本人の本音に近かったのではないか。知的水準発言とは、単なる政治家の暴言ではなく、当時の日本国民の本音がトップの口から漏れ出たものだったのだろう。

やがてバブル景気に突入すると、いよいよ過信が慢心へと変質する。強い円を背景に、多くの日本企業が財テクと呼ばれた金融・不動産投資に精を出した。世界中のものすべてが、投資の対象だった。

電機業界からは外れるが、三菱地所はニューヨークのランドマークであるロックフェラーセンターを買った。ホテルニュージャパンの火災で有罪判決を受けた同ホテル社長の横井英樹氏は、エンパイヤーステートビルを手に入れ、安田火災海上保険（現損害保険ジャパン株式会社）はゴッホの「ひまわり」を、会社のカネ五八億円を投じて落札した。

電機業界でもソニーがコロンビア・ピクチャーズを、パナソニックがＭＣＡ（現ＮＢＣユニバーサル）を買収する。これらは単なる投資目的ではなかったが、アメリカ人から見れば、さまざまなものを買いまくる日本企業は、さぞ脅威だっただろう。

企業だけではない。強い円は海外旅行を身近なものに変え、パリの高級ブランド店には日本人観光客が殺到した。今でいう爆買いだ。貿易摩擦で叩かれ、欧米から何かと異質だと指摘されていた日本人が、憂さを晴らしているかのようだった。

そして、バブルがピークを迎えようとしていた一九八九年、社会現象にまでなった本が出版された。『「ＮＯ」と言える日本』（光文社）だ。ソニーの創業者のひとりである盛田昭夫氏と、当時国会議員だった石原慎太郎氏の共著で、国内で大ヒットした。

同書はアメリカからの圧力に屈することなく、国際社会で自信を持って活躍できるように、日本人に対し意識改革を促す本だ。ところが、今読み返すと、過剰な日本礼賛とアメリカ批判で溢れている。石原氏は日本の半導体産業の強さは未来永劫だとの楽観論に浸り、盛田氏は、アメリカ人は一〇分先を考え、日本人は一〇年先を見ていると言い切った。同書では、自国に対する自信が明らかに慢心の域に達していた。

むろん、当時の日本人が同書の主張をすべて受け入れていたとは思えない。自国礼賛の風潮は、当時より現代のほうが強いくらいだ。しかし、同書に一貫する貿易摩擦への反発心や、日本の技術力、労働者の質の高さに対する強い自負心は、当時の世の中に広く染みわたっていたものだった。何せ時代はバブル。束の間、日本人は世界で一番リッチだったのだ。

ちなみに、『「NO」と言える日本』が出版された四年後、盛田氏は退任前の最後の部長会でこう話したそうだ。

「われわれは、もういっぺんアメリカを勉強し直すべきではないだろうか」[*3]

すでにバブルが崩壊し、電機メーカーの業績が軒並み悪化していたさなかでの発言だ。私が語るのもおこがましいが、政治家と違い、一流の経営者は過ちに気づき、修正するのも早かった。

日本企業の慢心のルーツを探っていくと、奇跡的な成長を称賛される中で、技術力や組織力に対する自信がどんどん強まっていった様子が見えてきた。人間は単純な生き物だから、自分たちより先を行く国に「すごい」と称えられれば、すぐにその気になってしまう。やがてバブルを迎え、日本企業がさらに力を強めていくと、日本企業の敵は日本企業だけだというある種の無敵感に浸り始めていく。私自身も、そう思っていた。

成功体験から抜け出せない

では、慢心が広がった組織はどのような過ちを犯すのか、いくつかの具体例を紹介したい。

ＴＤＫの記録メディア事業本部がちゃんとやるべきことをやっていなかったのは、先に述べた通りだ。新たな競合相手を、ハナから自分たちの敵ではないと侮った。

私たちが本社の会議室で台湾企業を見くびっていた裏で、同地では実際に何が行われていたのか、私はあとになって詳細を知った。東京大学21世紀ＣＯＥものづくり経営研究センターのレポート「台湾光ディスク産業の発展過程と課題」[*4]（二〇〇五年）に、九〇年代の台湾でいかに光ディスクが開発され、産業として発展していったのかが紹介されていたのだ。まさしく、「台湾？　心配いらないよ」と聞かされた時には、私たちの目には映っていなかった事実だった。

レポートを要約する。台湾のＩＴ関連の英知を集めた財団法人、工業技術研究院が傘下に光電研究所を作り、一九九二年頃から光ディスクドライブ（記録装置）や、ＣＤ−Ｒの研究開発を始めた。国が主導した研究は早々に実績を上げ、二年後にはそこで蓄積された研究成果が国家戦略の一環として民間に移転された。

さらに、台湾政府は光ディスク産業を戦略的育成産業の一つに指定し、同事業に取り組む企業に対し、法人税の減免や設備償却の短縮などの側面支援を始めた。

同じ頃、日本や欧州の生産設備メーカーが動き出す。ＣＤ−Ｒの複数の製造工程を連結したインライン装置（生産設備）を台湾企業に売り込み始めたのだ。資金力のある台湾企業は、国から技術を、外国から生産設備を手に入れ、一九九五年にはＣＤ−Ｒの製造を開始した。もちろん、陰に台湾の優秀な技術者の奮闘があったのは言うまでもない。日本企業より六年ほど遅れての生産開始だった。

台湾企業は企業間分業を徹底的に活用した。設備、材料は外国企業から調達し、販売に関してはＯＥＭに集中することで、金と手間がかかる自社ブランドの立ち上げを回避した。要するに、製造だけに集中したのだ。レポートは、この企業間分業の功罪を明確にすることで、結論を迎えている。

このレポートから見えてきたのは、台湾が国家戦略の一環として強化していた技術力を、簡単にはモノにならない、と見くびっていた私たちの危機感のなさだった。アナログ時代の成功体験から抜け出せず、新たな脅威の登場に鈍感なまま、根拠なき楽観に浸っていたわけだ。今になれば、なぜちゃんとやるべきことをやらなかったのか、不思議に思えてならない。そんな当たり前のことさえできなくなるのが、慢心の恐ろしさだった。

のちにTDKの光ディスク製造部門もこの事実を知ったが、「台湾？ 心配いらないよ」が、「DVDでは負けない」、「ブルーレイで勝つ」といった発言に変わっただけだった。その後も抜本的な対策は打たれず、台湾企業の抜け目のない特許戦略もあって、新製品の開発は日本企業が先行するが、量産に入ると台湾企業に追い越されるパターンが繰り返された。そして、マクセルは二〇〇八年に、TDKは二〇一四年に、光ディスクの生産から完全に撤退した。

サムスンというモンスターを育てたのはシャープ

電機業界で慢心による弊害が起こっていたのは、もちろん記録メディア事業だけではなかった。記録メディア以外の事例も見てみよう。

親が勤める会社に対しては、子供心にも自然と親近感が湧くものだ。何より家の中の家電品はすべてシャープブランドだったし、父の労働の対価とはいえ、日々の食費や学費の出所でもあったのだから当然だろう。成人し、直接の関係はなくなっても、私にとって同社は特別な存在だった。

シャープは技術開発力に定評がある会社だ。創業者である早川徳次氏の、「他社が真似する製品をどんどん開発していこうじゃないか」[5]という考え方が影響したのかもしれない。実際に、国産初のテレビの発売や、世界で初めてのオールトランジスタ電卓の開発という成果を上げている。そのDNAは受け継がれ、九〇年代に入ってもビデオカメラに大きな液晶画面を付けたビューカムや、携帯情報端末の先鞭をつけたザウルスなど、ユニークな製品を発売し続けた。

そんなシャープは、韓国の新聞で「サムスン半導体の家庭教師」と呼ばれることがある。[6]世界第二位の半導体メーカーが、かつてはシャープの教えを乞うていたのだ。一九八三年に半導体事業への本格的な参入を宣言したサムスンは、スタートラインに立つためにマイクロンやシャープの技術指導を受けた。実際にシャープは四ビットマイコンの技術をサムスンに売っている。これは当時でも陳腐な技術で、機密性や先進性に問題はないと判断されたためだった。[*7]

この競合相手に利するような行為の裏には、創業者の時代から発展途上国企業への技術支援に熱心だったシャープの企業文化や、良好な日韓関係を背景に、韓国への経済支援を推奨した中曽根政権の方針もあった。[*8] 八〇年代の日本は、アジアの最先進国として周辺国の発展を支援する責務を自覚していたのだ。

ただ、結果論にはなるが、このシャープの技術支援がサムスンの半導体事業の急成長を助けたのは否めない。

この頃、私の父はシャープで海外事業の責任者をしており、四ビットマイコンの売却を行う担当部門をサポートするよう命じられたそうだ。そんな父に、シャープは当時サムスンをどのように評価していたのか聞いたことがある。

「いや、サムスンがここまで強なるとは、当時は誰も想像できんかったよ」

年老いた父は、そう答えると苦笑いを浮かべた。シャープからすれば、ヨチヨチ歩きの子熊を助けたらモンスターに成長し、すべてを食い荒らされたようなものだ。今となっては自嘲ぎみに笑うしかなかったのだろう。当時のシャープに自社の半導体事業への慢心があったとは思えない。日本企業の中では後発で、慢心するほど強くはなかったはずだ。とはいえ、サムスンを見くびっていたのは否定できないだろう。

時代は流れ、父が引退したのちにシャープは液晶事業で一世を風靡する。国内勢との競争に圧勝した同社にとって、残ったのはサムスンとの覇権争いだった。その死闘のさなか、社長の町田勝彦氏が打ち出したのがブラックボックス戦略だった。最先端の生産技術やノウハウがライバルに流出するのを防ぐため、徹底した秘密保持策を講じたのだ。

生産設備メーカーを通じて技術が流出するのを防ぐため、設備レイアウトの秘密保持や、設備改良のための委託業者の分散などを実行する。[*9] 工場での情報管理も徹底し、工場見学さえ厳しく制限した。この徹底して最先端技術を守るシャープの姿勢を、マスコミも高く評価した。

同社が液晶において厳格な情報流出阻止に動いた背景には、先の半導体での苦い経験も影響していたのだろう。同じ轍を踏むまいと経営陣が考えるのは自然なことだ。この時には誰が見てもサムスンはモンスターにまで成長していたのだ。

しかし、ブラックボックス戦略の根幹にあるのは、自社の情報が漏洩しなければサムスンは追い付いてこられない、あるいは、追い付くのに相応の時間を要するという前提だ。自分たちがこれだけ苦労しているのだから、サムスンには無理だろう、あるいは、もっと手間取るに違いない、とシャープの経営陣は考えたのではないか。自社の技術を高めに評価し、競合相手の力を過小評価する姿勢が透けて見えてしまう。

ブラックボックス戦略にどこまでの効果があったのかはわからない。ただ、サムスンが長年にわたって世界の液晶テレビ市場のトップに君臨している現実を見れば、その効果は限定的、あるいは一時的だったと言わざるを得ない。

ところが、ブラックボックス戦略の根幹にあったシャープの自社技術に対する強い自信は、亀山工場の成功も重なって慢心へと肥大化していく。町田社長のあとを継いだ片山幹雄(かたやまみきお)氏は、社内でも慎重論があったにもかかわらず、堺(さかい)工場への巨額の投資を決める。さらに、リーマンショックによる景気悪化を軽減するため、政府が地デジ対応テレビなどに付与した家電エコポイント制度により需要が急増した際には、シャープは同業他社への液晶パネル供給を一方的に減らし、自社ブランドの生産を優先する。約束を反故(ほご)にされたソニーや東芝は、「客をなんだと思っているんだ。あの会社だけは絶対に許さない」と言って反発した。やがて状況が一変し、堺工場の稼働率が低下した時には、同業他社からの受注は大きく減っていた。[*10]

慢心の中で低迷した液晶事業が引き金になり、同社が経営危機に陥ったのは、それからたった数年後のことだった。

ＴＤＫの記録メディア事業と、シャープの半導体、液晶事業に共通するのは、自社技術への過度な自信と、競合相手に対する過小評価が慢心を生み出し、組織全体に広がっていったことだ。そうなると組織は知らぬ間に根拠なき楽観に依存するようになり、最終的には大きく道を誤る。

高付加価値、高品質、高性能さえ提供できれば、コストで負けていても韓国企業や台湾企業には負けない、と多くの電機メーカーが考えた理由も、根本は同じだったのだろう。慢心に染まった組織は、ちゃんとやるべきことができなくなるのだ。

慢心の罪は、思いのほか重かった。

製品不良は許さない

虚心坦懐（たんかい）という言葉がある。何の先入観も持たずに物事に臨む態度を意味している。余計なプライドや、視野狭窄（きょうさく）は存在しない。慢心の反意語だ。

電機業界の歴史を振り返ると、慢心の対極にあるこの虚心坦懐が、今日の日本企業の強みを築き上げる原動力になっていたのに気づく。その功績を見てみよう。

戦後日本の奇跡的な高度成長の裏には、さまざまな成功要因があった。トランジスタなど新技術の開発、安価な労働力、固定為替相場によるコスト優位性等々。その中の一つに、高い品質の実現があったのは繰り返し述べてきた通りだ。

八〇年代に流行った、『バック・トゥ・ザ・フューチャー』という三部作の映画はご存じだろうか。一九八五年に生きる青年と博士が、過去と未来を行き来しながら、さまざまなトラブルを乗り越えていくSFコメディー映画だ。

そのパートⅢに、日本製品の品質の進化から時代の変化を捉える興味深いシーンがあった。一九八五年から一九五五年にやって来て、ひとり残された青年が、その時代に生きている若かりし日の博士と壊れたタイムマシンの修理を試みるのだ。

タイムマシンをいじっていた一九五五年の博士は、半導体を指で取り出しながら驚きを口にする。

「こんな小さな部品が故障の原因だなんて信じられない」

そして、博士は虫眼鏡を覗き込み、訳知り顔で言う。

「やっぱり。……メイド・イン・ジャパンだ」

タイムマシンの故障を日本製品の品質の悪さに原因づけた博士に対し、一九八五年からやって来た青年は、呆れ顔で答える。

「僕の時代じゃ、いいものは全部日本製だよ」

「信じられない」

博士は首を左右に小さく振る、という場面だ。三〇年という時間軸で起きた日本企業の劇的な台頭は、人気映画で取り上げられるほどアメリカ人にとって身近で、鮮烈だったのだろう。

映画の博士が日本製品の品質をバカにしていた五〇年代半ば、現実の日本の企業経営者や技術者は、アメリカの経営管理手法を必死で学ぼうとしていた。まさしく、虚心坦懐だ。対象は、組織論、原価管理、経営工学など幅広い分野に及んだ。実際に多数の視察団、調査団がアメリカに向かう。それらは、「昭和の遣唐使」と呼ばれた。[*11]

日本企業が新しく学び取った経営管理手法の中に、全社的品質管理（以降ＴＱＣ）があった。一九五四年にアメリカ人技術者Ｊ・Ｍ・ジュラン氏によって日本に伝えられたものだ。本国アメリカでは、あまり認められていなかった新しい管理手法だったが、日本企業には広く受け入れられ、品質改善に大きく貢献した。

ＴＱＣの特徴は、現場労働者から経営者まで社内のすべての階層と、製造部門から営業部門に至るまでのすべての部門、すなわち全社を挙げて品質改善に取り組むことだ。日本でこの品質管理手法が成功した背景には、二つの企業文化があった。

一つは、製造現場で働く労働者に対する考え方だ。

ＴＱＣが広がらなかったアメリカでは、製造ラインで働く労働者への期待値が低く、極端な言い方をすれば、機械の一部のようにみなされていた。さまざまな改善は現場を統括する技術者の仕事と認識され、現場労働者からの意見は重視されなかった。

一方、当時の日本企業では、製造現場のラインで働く労働者も終身雇用の正社員で、技術者と現場労働者の壁は低かった。技術者がラインで働く人たちに意見を求める機会も多く、現場の一体感は強かった。この日本企業の特徴的な文化が、全員参加のＴＱＣを可能にした。

ひるがえって、非正規雇用が製造現場に広がった令和の今日、この日本特有の文化は廃れつつある。このような雇用体制の変化による影響は、第四章であらためて述べたいと思う。

二つ目は、製品不良は許さないという文化だ。アメリカ企業の場合、不良品率が一、二％ならば許容範囲とみなし、市場に出回ったあとで回収すればよいと考える。ところが、日本企業は不良品率をゼロにしようとする。品質に関して完璧主義なのだ。

どちらが正しいという性質のものではない。単に考え方の違いだ。アメリカ企業が低い不良品率であればよしとするのは、さらなる改善を行い、ゼロを目指すと莫大なコストがかかるからだ。当然ながら、そのコストは価格に転嫁される。一、二%の不良品率にこだわって販売価格を引き上げるより、価格を据え置き、不良品が発生すれば返品を受けるほうがより多くのユーザーにとってメリットがある、と考えるのだ。合理的な考えだ。

日本企業の場合は、運悪く不良品を買った一、二%のユーザーの立場に立つ。そのユーザーから見れば、不良品率は一〇〇%だ。何とか改善しなければならないと考える。誠実な対応だ。このように品質改善のためにはあらゆる努力を惜しまないという考え方が、TQCを受け入れるのに役立った。

少し話は逸れるが、この品質に対するある種の完璧主義が、アジャイル開発（俊敏な開発の意。実装後にシステムやソフトウェアの機能強化や変更を繰り返し、品質・性能を上げていく手法）に合わず、歴史の中で日本企業のソフトウェア開発の出遅れにつながったのは間違いないだろう。消費者に対する生真面目さが、アダになったと言える。

ともあれ、これら二つの企業文化が日本企業におけるTQCの実践に役立ち、幅広い製品の品質改善につながった。やがて努力は実り、世界中で「日本製品は高品質」という定説が広まる。品質への過度なこだわりがデジタル化の波に乗り損ねるきっかけを作った面はあったとはいえ、少なくともアナログの時代には、高い品質が日本企業の世界進出を後押ししたのだ。

品質改善は一つの例に過ぎないが、象徴的だ。虚心坦懐だった日本企業は、先行するアメリカから貪欲に英知を吸収するのに何の抵抗もなかった。たとえアメリカで評判となっていなくとも、素直に耳を傾けた。そして、積極的に吸収した知識や技術が、世界を席巻する大きな武器となったのだ。

月日は流れ令和を迎えた今日、多くの日本企業は虚心坦懐とは言えないまでも、慢心に浸っている余裕はなくなったようだ。特に電機業界は、ＧＡＦＡや中国企業、韓国企業に押され、どの企業も慢心どころか強い危機感を抱いている。自身の力を過大評価したまま生き残れるなど、もはや誰も考えていない。

ところが、企業が危機感を強める中で、違う集団が傲慢な本性を見せ始めた。個人や、小さな集団からは消えつつあったものの、より大きな集団に染み付いた慢心はしつこく残っていた。

企業が犯した過ちを日本政府も繰り返した

慢心は人から謙虚さを奪う。自分の強みが絶対的なモノに思え、弱みには目が届かなくなる。ある種の無敵感に浸るのは心地よいのだろうが、絶対的な勝者などあり得ない。ビジネスの世界では、慢心で視野が狭まると自己分析が狂い始め、事業環境を俯瞰できなくなる。自ずと、ゲームチェンジャーの出現などにも鈍感になってしまう。自分を過大評価し、周囲を過小評価すれば、根拠なき楽観論に支配されるようになり、たどり着く先は悲惨な結末でしかないのは当然だ。

慢心の恐ろしさは、それだけではない。伝播（でんぱ）するのだ。まるでウイルスのように人から人へと感染し、組織を広く汚染する。開発部門の慢心が営業部門に広がり、経営トップの慢心が末端の社員に及ぶ。好業績が続けば社員は無自覚のうちに傲慢になり、やがて企業文化として定着する。

おまけに、一度身についた慢心はインクの染みのように簡単には消えない。何より当事者に自覚が乏しいのだから、簡単に取れるはずもない。本当に厄介なのだ。

民間企業が強い危機意識を持つ一方で、令和の時代になって節度を失い、慢心をのぞかせたのは政府だった。日本の経済力が相対的に低下する中で、虚勢を張るかのように強引な通商政策が取られた。

二〇一九年七月、日本政府は韓国向けに輸出される半導体材料（レジスト、フッ化水素、フッ化ポリイミド）を、包括的輸出許可から個別輸出許可に切り替える、と何の前触れもなく発表した。加えて、韓国を輸出管理上優遇措置のあるホワイト国から除外することを予告し、のちに実行した。

これは、日本が議長国として苦心の末に首脳宣言をまとめたG20大阪サミットの、わずか二日後のことだ。サミットの宣言には、「自由、公正、無差別で透明性があり予測可能な安定した貿易及び投資環境を実現し、我々の開かれた市場を維持する」（傍点筆者）とうたわれている。まさしく、舌の根も乾かぬうちに、予測可能な安定した貿易どころか、韓国に奇襲攻撃を仕掛けたのだ。

安全保障上の問題が理由として発表されたが、本音の部分では背景に元徴用工控訴をめぐる韓国政府の対応への不満があったのは間違いない。何せ発表の直後に、経済産業大臣自らが、その関連をツイートしていたのだ[*12]。

二〇一〇年には尖閣（せんかく）諸島問題をめぐり、中国がレアアースの対日輸出を止めた。二〇一八年にはアメリカが自国の貿易赤字縮小のため、鉄・アルミ製品に対する追加関税をEUや日本などに対して一方的に発動した。自国の主張を力ずくで押し通そうとする大国の姿は、常に醜悪だった。ところが、こともあろうに日本政府はその醜態を真似たのだ。

父はこの日、「日本が戦後初めて一線を越えた気がします」という書き出しの、長いメールを私によこした。自由貿易の恩恵を存分に享受し、高度成長を成し遂げた世代には黙っていられなかったようだ。国の姿勢のみならず、そのような政府の姿勢に批判の声を上げないマスコミにも強く憤っていた。

ことの発端となった元徴用工訴訟とは、太平洋戦争中に日本企業に徴用された朝鮮人労働者に対する補償問題だ。日韓双方に、さまざまな言い分があるだろう。歴史問題の是非を本書で語るつもりはない。ただ、人道問題を起こした国に対する経済制裁を除いては、いかなる政治問題があっても自由貿易は堅持されるべきだし、少なくとも過去の日本政府はそうしてきた。

もちろん、自由貿易にも弊害は多々あり、一定の規制が必要な面があることは否定しない。しかし、だからと言って政治が土足で踏み入ってよい領域でないのは明白だ。天然資源に乏しく、食糧自給率も低い日本は、グローバル経済の中で常に商売上手である必要がある。強力な軍事力と豊富な天然資源を背景に、時に高飛車な態度をとるアメリカ、中国、ロシアとは、そもそも国家像が違うのだ。そんな日本政府が大国を真似て自由貿易を蔑ろにする行動を取るのは、自らの首を絞めるのに等しい。どう考えても、合理的な行動とは言えない。

日本政府の決定に対し、韓国政府はすぐに自衛に動き、輸入が困難になった半導体材料の国産化に着手する。目ざといアメリカ企業は日韓のいざこざをビジネスチャンスと捉え、半導体製造に不可欠なフォトレジストの韓国内での生産開始を発表した。[*13] フッ化水素については、一年半後には自国生産が進み、韓国の輸入量は半減、特に日本からの輸入量は九割減となった。[*14]

さまざまな政府間合意を一方的に破棄してきた韓国には、このぐらい強い対応が必要だという意見をテレビ番組などでもよく耳にした。ネット上には、「韓国と断交すべき」といった戦前に戻ったかのような主張さえ見受けられた。ただ、多くの意見が、輸出規制を日韓二国間だけの問題と捉えていることが私には不満だった。

最大のリスクは対韓ビジネスの先行きではなく、世界各国が日本に対する見方を変えるかもしれないことだ。日本は長年にわたり、自由貿易の重要性を標榜し、実践してきた。

他国で自由貿易に反する行為があれば、一貫して反対してきた。そうやって、日本は安心して貿易ができる国だという信頼を蓄積してきたのだ。

ところが、その日本が政治的な理由によって通商政策を一方的に変更した。先人が時間をかけて築いた信頼を、政府が先頭に立って蔑ろにしたのだ。

これで韓国企業だけではなく、中国や台湾の企業も、日本とのビジネスには政治が介入するリスクがあると認識せざるを得なくなった。領土問題や歴史問題など、近隣国との火種は元徴用工訴訟問題だけではない。現在は影響を受けていない取引であっても、いつ政治が介入してくるのかわからなくなったのだ。このリスクを回避するために、中国企業や台湾企業も日本製品への依存度を段階的に下げ始める恐れがある。もちろん、公表されることなく、時間をかけて静かに実行されるだろう。中期的には日本製品にとっては逆風になる。これでは、とても商売上手な国とは言えない。

ありきたりな言葉だが、信頼を築くのは時間がかかるが、失うのは一瞬なのだ。

政府の判断の背景に何があったのかは想像するより他ない。レジスト、フッ化水素、フッ化ポリイミドの三製品は日本企業のシェアが高く、代替が利かないと思ったのかもしれない。あるいは、かつて日本がアメリカにやられたように、主力産業である半導体に圧力を加えれば、韓国はすぐに音を上げると思ったのかもしれない。政府の本心はわからないが、一つ言えることがある。それは、政府に慢心が透けて見えることだ。相手が韓国であれば、少々強引なことをやっても国民は支持するはずだという驕りだ。

慢心の中身こそ違うが、平成の時代に日本企業が犯した過ちを、令和の時代に政府が繰り返しているのであれば、問題はより深刻だ。

染みついた傲慢さを消すには

再び『ジャパンアズナンバーワン』に話を戻す。これは一九七九年に出版された、当時のアメリカ人の傲慢さを諫める本だ。全編にわたって日本の優秀さを紹介していたが、日本版の序文に一ヵ所だけ日本への不安を述べた部分がある。著者エズラ・F・ヴォーゲル氏による未来への警鐘だ。

「日本人が傲慢の虜になる危険性はアメリカの場合ほど差し迫ったものではないし、また、日本人にとっての過度のプライドはアメリカのそれとは種類が違うことも事実である。しかし、ネメシス（筆者注：応報天罰の女神）による報いが遅かれ早かれやって来て、アメリカの場合と同様、重大な結果をもたらす危険は十分にあるであろう。（中略）

日本人の傲慢の罪は自らの優秀性について次第に自信をもつようになり、そこまではよしとしても、外国人に対して尊大な態度をとるようになり、狭量にも自己の利益のみを追求するあまり他の国々との友好関係を失い、ついには必要な協力さえ得られなくなることにある。ここにこそ、日本人が受けるネメシスの報いの可能性がある」

アメリカと中国という二つの超大国と、経済的にも、地政学的にも深い関係を持つ日本と韓国は、ともに資源に恵まれない似通った隣人だ。これらの大国に少しでも伍していこうと思えば、日韓両国の関係強化が有効だと思うのだが、今のところ改善の兆しは見えない。もちろん双方に言い分はあるのだが、四〇年の時を経て、エズラ・F・ヴォーゲル氏の警鐘が現実になりつつあるのであれば、極めて残念だと言わざるを得ない。

慢心は感情の産物だ。理性の対極にある。ここまで見てきた慢心の過ちとは、知らぬうちに感情に支配された組織が周囲の変化を見誤り、非合理的な判断を下すことだと言える。その結果、新興勢力に付け入る隙を与え、将来のビジネスに甚大な影響を残し、自らの首を絞める。

インクのように組織に染みついた慢心を取り除くには、合理性という洗剤で繰り返し洗い落とすしかない。何も事業戦略の設定や設備投資の判断など、事業運営に大きな影響を与える局面に限った話ではない。毎月行われる営業会議のような日常の一コマであっても、合理性に欠けた方針や戦略は疑われ、検証され、排除されるべきなのだ。

昭和に生まれ、平成で長く放置された慢心という染みは頑固でなかなか消せないだろう。しかし、この染みを残したままでは、日本企業が、あるいはこの国が、世界で再び力を発揮するのは難しいと認識すべきだ。

第三章　困窮の罪

世界の半分しかない成長率

世界で圧倒的な強さを誇った日本の電機産業が、なぜ時代とともに力を失っていったのか。その答えを探るのが本書の目的だ。

第一章で取り上げたのが、デジタル化の本質を見誤った日本の電機メーカーの姿だった。高付加価値、高品質、高性能に逃げ込み、シンプルさや、使い勝手のよさ、買い求めやすさといったユーザーにとって大切な要素を軽視した。「画期的な簡易化」というデジタル化の本質に背を向けた企業が力を失っていくのは、半ば当然だった。

第二章では慢心に焦点を当てた。日本の電機メーカーに巣食っていた技術開発力、生産技術力、ブランド力、営業力などに対する過剰な自負心が、外部環境の変化に対する感度を鈍らせた。さまざまな製品カテゴリで韓国や台湾の新興勢力への対応が遅れ、シェアを奪われていったのも必然的な結果だった。

そして、三番目に取り上げるのが困窮の罪だ。これは、業績の悪化と外部環境の変化が重なる中で日本の電機メーカーが犯した過ちだ。代償は大きく、日本企業は第二段階のデジタル化で主役になる機会を逃すとともに、イノベーションを起こす力を弱めてしまった。

図2　大手電機メーカー9社合計業績推移

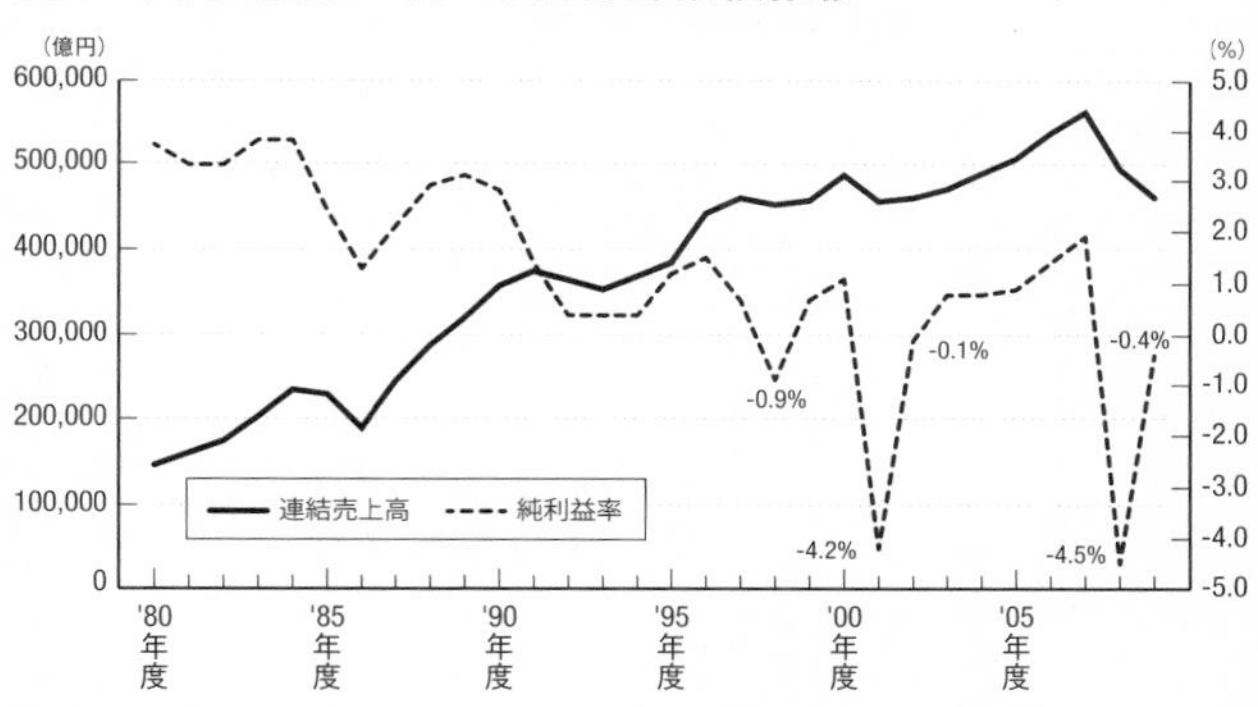

＊日立製作所、東芝、三菱電機、ソニー、パナソニック、シャープ、三洋電機、NEC、富士通の9社
＊業績は年度単位の単純合算（月ずれ未調整）
＊'86年度にパナソニックとソニー、'95年度に三洋電機が決算月変更を行ったため、この年度の売上高は過小
出典　『会社四季報』1981年秋号〜2010年秋号

業績の悪化は長期化し、技術大国ニッポンの凋落を決定づけた。

困窮の罪は突発的に発生したものではない。非常に長い時間をかけて、徐々に積み重ねられていったものだ。その罪はいつ頃、何をきっかけに始まったのか。そして、どのように広がっていったのか。その経緯を知ってもらうには、時代の流れを理解してもらう必要がある。ついては、本章では時系列に沿って話を進めていこうと思う。

本題に入る前に、電機産業の業績を振り返っておきたい。図2は大手電機メーカー九社の連結売上高の合計と、純利益率の推移を示したグラフだ。日本の電機産業の実力を象徴的に示す数字と言ってよいだろう。

ちなみに大手九社とは、日立製作所、東芝、三菱電機、ソニー、パナソニック（旧松下電器）、シャープ、三洋電機、ＮＥＣ、富士通だ。二〇一〇年代に三洋電機はパナソニックに、シャープは鴻海に買収されているが、本章の趣旨に則り、両社ともに日本の主要電機メーカーの一角として扱っている。

九社の連結売上の合計は、一九八〇年度から二〇〇九年度の三〇年間で、約一五兆円から約四六兆円に拡大している。おおよそ三倍だ。一見順調に成長しているように見えるが、実態はそうとも言えない。

同じ期間に世界のＧＤＰは六倍弱の成長を実現している[＊1]（一九八〇年一一兆ドル→二〇〇九年六一兆ドル）。少し極端な例だが、ＧＡＦＡの一角をなすアップルに至っては、同じ時間軸で三六七倍も拡大した。[＊2]これらに比べると、大手九社の三倍の成長は決して褒められたものではない、とわかってもらえるだろう。

純利益率に至っては悪化傾向が続いた。八〇年代前半までは三％台半ばだった利益率は、バブル期に多少盛り返すものの、その後は年々低下してゆく。そして、一九九八年度には、ついに赤字となった。日本の高度成長を牽引してきた花形産業としては、屈辱的な実績だった。

この危機的な事態を受けて各社は経営改革に取り組んでいくが、それでも思うような成果を残せていない。実際に二〇〇〇年代には赤字の年が四回もある。特にＩＴバブルが弾けた二〇〇一年度と、リーマンショックが起きた二〇〇八年度は惨憺たる有り様だ。

このように業績の推移を見ても、九〇年代、二〇〇〇年代に電機産業が凋落していったのは疑う余地もない。では、この三〇年間に何があったのか、日本の電機産業の軌跡を年代ごとにたどっていきたい。

電機産業を直撃した二つの〝隕石〟――インターネットと円高

八〇年代の日本の電機メーカーは、向かうところ敵なしだった。ブラウン管カラーテレビや、ビデオデッキ、ウォークマンなどの家電製品は言うまでもなく、半導体メモリーＤＲＡＭでも日本企業が圧倒的なシェア（八〇％）を誇っていた。

破竹の勢いの日本企業は、ＲＣＡやゼニス、トムソンといった海外の電機メーカーの経営を脅かし、その圧倒的な強さは政治問題にまで発展する。電気製品や自動車の輸出で積み上がった日本の貿易黒字は、欧米との経済摩擦を常態化させていた。

国内に目を向けると、この時代までの日本企業の成長は社会の繁栄に直結していた。輸出の増加にともない、電機メーカー各社は国内各地に次々と工場を建て、地方での雇用拡大に貢献する。地元で仕事が見つかることで兼業農家が増え、農作業の閑散期に都会へ働きに出る出稼ぎは減少していった。[*3] 民間企業の健闘が、国民生活の改善に直結していた時代だったと言えるだろう。

ところが、そんな平和な時間は長くは続かなかった。

およそ六六〇〇万年前に恐竜を絶滅させたのは、ある日突然落下してきた隕石だと言われている。直径一〇キロほどの隕石の衝突が、熱放射や地球規模の気候変動を引き起こした。その結果、恐竜のみならず、地球上のかなりの生物が死に絶えた。

そんな隕石が、全盛期を迎えていた電機業界にも落ちてきた。それも一つではなく、二つもだ。電機メーカー各社は、その影響に何十年も苦しめられることになった。

一つ目の隕石は、通信事業の自由化を目前にした一九八四年一〇月に落下してきた。アメリカから持ち帰ったモデムを使って、東京工業大学、慶応義塾大学、東京大学のコンピューターが電話回線でつながれたのだ。日本におけるインターネット誕生の瞬間だった。[*4] このネットワークは、ＪＵＮＥＴ（ジェイユーネット）と名付けられた。

しかし、この衝撃はごくごく小さく、世間で大きく騒がれることはなかった。インターネットが電機業界のみならず、社会全体にとてつもなく大きな影響を及ぼし始めるには、まだ一〇年以上の歳月を必要としていた。

二つ目の隕石が落ちてきたのは、一九八五年九月二二日のニューヨークだった。この衝撃は巨大で、翌日の新聞の一面を飾り、ただちに経済界という名の生態系に深刻な影響を及ぼし始めた。

ニューヨークの五番街は南行きの一方通行だ。メトロポリタン美術館を越えセントラルパークを過ぎると、マンハッタンの中では決して大きくないビルが右手に現れる。青緑色の屋根と、ベージュがかった壁の古い建物がプラザホテルだ。

この日、主要五ヵ国（日本、アメリカ、西ドイツ、フランス、イギリス）の財務大臣と中央銀行総裁が、秘密裏にこのホテルに集まった。会議の主目的は、当時深刻な国際問題となっていた貿易不均衡を是正するため、五ヵ国による為替への協調介入を合意することだった。

内密に進められた会議の結果が何の前触れもなく発表されると、まるで隕石の落下による気候変動のような衝撃が世界中に広がった。ドルが暴落し、円とマルク（当時の西ドイツの通貨）が急騰したのだ。

このプラザ合意によって引き起こされた円高は、過去に類を見ないものだった。合意時には一ドル二四〇円程度だった為替レートは、三ヵ月後には二〇〇円となり、一年後には一五〇円まで急騰する。

プラザ合意の衝撃は、事業を順調に拡大させていた輸出企業に甚大な影響を及ぼした。何せ為替の変動によって、何もしなければドル建ての製品価格が一年で六〇％も値上げになったのだ。高品質、高性能な製品を低価格で提供する日本企業の強みが活かせなくなるのは避けようがなかった。大げさではなく、輸出企業は存亡の機を迎えた。

プラザ合意の大きな欠点

なぜ日本政府は、このような極端な為替介入に合意したのだろうか。そんな素朴な疑問が浮かぶ。

優れた工業製品を輸出して外貨を稼ぎ、外国からエネルギーや食糧を調達するのが当時の日本の国家モデルだ。小学校で学ぶほど、基本中の基本である。この国家モデルの前提となる自国の工業製品の優位性を守ろうとすれば、日本政府は円高だけは避けたかったはずだ。にもかかわらず、プラザ合意に同意した。そこには、最大の輸出相手国であるアメリカと本気で喧嘩をするわけにはいかない日本の事情があった。

八〇年代半ばのアメリカは、レーガン大統領が実施した経済政策、レーガノミクスの副作用に苦しんでいた。同政策による減税や軍備増強（財政支出）でアメリカの景気は回復に向かったが、その副作用として財政赤字と貿易赤字が拡大した。これらは双子の赤字と呼ばれ、アメリカに深刻な経済危機をもたらす恐れがあると警戒されていた。

双子の赤字の一つである貿易赤字が拡大したのは、レーガン政権がドル高を容認した結果だった。ところが、このドル高で輸入品が割安になり、自国（アメリカ）の製造業を苦しめた。業績悪化に見舞われた多くの製造業者が、議会に対し貿易赤字に対策を打つよう圧力をかけたのは、当然の帰結だった。

アメリカ議会の非難の矛先は、当時の貿易赤字の三分の一を生み出していた日本に向けられた。トランプ政権下で中国が狙われたのと同じ理屈だ。実際にプラザ合意の半年前には、上院は対日批判決議を採択し、日本を標的とした保護主義法案を次々と準備し始めている。[*5]第二章で述べた日本車を破壊するパフォーマンスも、ちょうどこの頃の出来事だ。

日本はアメリカとの関係をこじらせるわけにはいかなかった。もし両国が全面衝突すれば、アメリカ議会の保護主義勢力が台頭し、日本企業がアメリカ市場から完全に締め出される恐れすらあった。追い込まれた日本政府には協調路線を選ぶしか道はなく、たとえ自国の輸出企業に不利になろうとも、プラザ合意を足蹴にすることはできなくなっていたのだ。

ただ、この国際協調には大きな欠点があった。プラザ合意によって目指すべき為替水準が、五ヵ国の間で合意されていなかったのだ。いわば、どこでブレーキを踏むのか決まっていないまま、思い切りアクセルを踏み込んだようなものだった。必然的に為替は市場にあおられ暴走を始める。その結果、円高は輸出企業だけではなく、日本という国全体を翻弄し始めた。

一円の円高で五〇億円の差損

プラザ合意の影響で、日本企業はどのような対策を迫られたのか、二つの立場で見てみたい。一つは組織の末端の立場、もう一つは組織の中枢の立場だ。

私がＴＤＫに入社したのは、プラザ合意の半年後だった。ちょうど世の中で底なしの円高が進んでいた真っ只中だ。新入社員研修を終えた私は、右も左もわからないまま記録メディア事業本部の国内営業部門に配属された。

今でもよく覚えているのだが、三ヵ月間の新入社員研修を終え、大阪支社に配属となった私はいきなり休日出勤を命じられた。近隣の京都と神戸の営業所を閉鎖し、大阪に統合する引っ越しに駆り出されたのだ。初仕事がリストラの手伝いとは、その後の私のサラリーマン人生を象徴していたのだが、当時の私はそんな運命を知る由もなかった。

新人の私は気づいていなかったが、この営業所の統廃合は、円高と市場売価の下落による赤字を避けるための経費削減策だった。特に急速に進む円高の影響は深刻で、為替に直接関係のない国内営業部門でさえ三分の一を超える営業所の閉鎖を迫られたのだ。

とはいえ、プラザ合意による円高の影響は、私のような国内部門の新入社員には一度の休日出勤と、前年よりずいぶん下がった冴(さ)えないボーナス程度で済んだ。しかし、組織の中枢にいる者にとっては、日々血の気が引く思いの連続だった。

「このままでは会社がもたん!」

同じくプラザ合意の翌年にシャープの副社長となった父は、就任早々全国の拠点を回り、管理職を集めては会社の窮状を訴えた。もちろん、脅しではない。下手をすれば会社は倒産しかねない、と本気で思っていた。

「一〇年先、うちの会社は一体何で食っていくのか、この機会によう考えて提案してくれ。

後になって、お前こんなこと言うたやないか、とは一切言わんから」

集まった管理職に父がこう訴えた裏には、今回の円高は小手先の対策では乗り越えられないという強い思いがあった。事業構造の見直しにまで踏み込まざるを得ないと覚悟していたのだ。

当時のシャープでは、円高が一円進むと年換算で五〇億円以上の為替差損が発生した。[*6]プラザ合意後の一年間で円高は九〇円進んでいる。為替の変動が段階的に進んだことを加味し影響額が半分だったと仮定しても、最初の一年間の為替差損は概算で二二五〇億円となる。前期の最終利益が四〇〇億円に過ぎないシャープにとって、背筋が凍るような影響額だ。おまけに、この時点では円高がどこまで進むのか、いつまで続くのか、誰もわからなかった。有効な手を打ち損じれば、数年で経営危機に陥る恐れすらあった。

少し話は逸れるが、管理職に提案を求めた父の行動には、昭和の日本流経営の姿が見て取れる。経営者がトップダウン型ではなく、ボトムアップ型を志向しているのだ。

後述するが、当時のシャープの経営陣には、すでに円高対策の腹案があった。それでもあえて管理職に意見を求めたのは、ボトムアップ型の経営が必要だと考えていたからに他ならない。

実際に父は組織を動かすためには、それを構成する一人ひとりに自らの役割と責任を理解してもらい、何より自分で考えてもらう必要がある、と考えていた。組織を動かすとは、何でもかんでも上意下達で済むほど単純ではなく、社員の自主性を引き出すことが不可欠な手間がかかる作業だ、というのが持論だった。

ひるがえって現代の企業経営はアメリカ流に近づき、よりトップダウンの傾向が強くなっている。もし現代の企業が同じような危機に直面したら、外部コンサルタントを活用しながら、経営企画部門が強い指揮権を発動する企業が多いのではないだろうか。それは迅速で効率的だが、社員が受け身のままで終わる心配もある。現場が納得感を持つのも難しいだろう。組織全体のパフォーマンスの最大化や、人材の育成を考えれば、急がば回れを実践する昭和の日本流に利点が多いように思えるが、いかがだろうか。

工場の海外移転が加速

プラザ合意後の混乱に話を戻す。

急激な円高で輸出企業が直面した問題は、収益性の悪化だけではなかった。より深刻だったのは、人員に関する問題だった。輸出の減少で国内工場の稼働率が下がり、当面の仕事を失った社員が現れたのだ。シャープの場合、その数は全国で五〇〇〇人を超えた。[*7] ちょっとした企業一社分の社員が日々の仕事を失い、出社しても時間を持て余す事態に陥ったのだ。

現代ならば、すぐにリストラが始まるだろうが、八〇年代の日本は雇用調整が簡単に許される環境になかった。日本企業ではまだ家族主義的な空気が残り、終身雇用制度もしっかりと機能していた。リストラが日本企業で広まり始めるのは九〇年代であり、製造業への派遣労働者が認められたのは二〇〇三年だ。八〇年代に余剰となった社員は、配置転換によって社内で吸収するより他なかった。

シャープは、工場で働いていた多くの社員を国内営業部門に異動させた。当事者は不慣れな仕事への異動で苦労も多かっただろうが、会社をクビになるよりはマシだった。

このように、プラザ合意による円高で、どこの輸出企業も経費削減や余剰人員の吸収に追われた。しかし、それらは対症療法に過ぎないのも明らかだった。多くの企業がより抜本的な対策が不可欠だと理解していた。

シャープの経営陣が考えたのは、二つの方針だった。一つは、同社の中核だった組立産業を装置産業へ転換させること。もう一つは、国内の組立産業を海外に移し、円高の影響を回避することだった。

組立産業とは、部品を集め、テレビやラジオ、冷蔵庫などを大きな工場で組み立てるビジネスをいう。ベルトコンベアの上を流れる半製品を、ずらりと並ぶ従業員が流れ作業で組み立てていくイメージだ。典型的な労働集約型産業で、概して生産性は低かった。

一方の装置産業は、巨大な生産設備を導入し、製品や部品を作り出す産業だ。設備投資額は大きくなるが、組立産業ほど人手はかからず労働生産性は向上する。為替変動に対しても強くなることが期待できた。

シャープは装置産業として、液晶と半導体を育てる目標を掲げた。とはいうものの、当時の液晶は連結売上のたった〇・七％、半導体も三・〇％に過ぎなかった。[*8] 合計しても全社売上の四％にも及ばない事業に、一〇年先の会社を託そうと考えたのだ。技術的な展望があったのだろうが、なかなか挑戦的な戦略だった。

一方で、当時の中核だった組立産業は、円高の影響を受けない海外に大至急移設するしかなかった。実際にシャープはプラザ合意後の五年間で、海外に七つの工場を建てている。プラザ合意前の五年間での新設は三工場だったので、いかに急いで海外移転が進められたのかがわかる。新設された七工場は日本に代わる輸出拠点の役割を担い、製品は欧米だけでなく、日本にも仕向けられた[*9]。

プラザ合意はシャープの収益性を大きく毀損したが、それでも赤字への転落は何とか免れた。さまざまな対策が功を奏したのは確かだが、加えて、日本経済にやって来た空前の好景気に救われたのだ。いわゆるバブル景気だ。

あとになってみれば、この好景気は、必ずしも日本の輸出企業にとってプラスに働いたとは言い難い。景気が落下し始めるポイントを無理に引き上げ、ダメージをより深刻にしただけのようでもあった。

バブルの到来

実はこのバブル景気も、発端はプラザ合意にある。バブル発生までの経緯は以下の通りだ。

プラザ合意による円高不況を警戒した日銀は、常套(じょうとう)手段として金融緩和を実施した。段階的に実行された緩和は、最終的に公定歩合二・五％という当時としては超低金利の水準に至った。

効果はてきめんに現れ、景気は順調に回復に向かう。本来であれば、景気が上向けば過熱を防ぐために金融緩和から引き締めに転じるべきだったが、ここで日銀が躊躇する。金融緩和で落ち着きを取り戻した為替が、引き締めで再び円高基調になるのを恐れた。すなわち、金融引き締めによる国内の金利上昇で投資マネーが日本に逆流し、円高を加速させるのを恐れたのだ。このように日銀の判断を誤らせるほど、当時の円高は日本経済にとって大きな脅威だった。

さらに、不運にもアメリカでブラックマンデー（一九八七年一〇月一九日にニューヨーク株式市場で起きた株価暴落）が起こる。東京株式市場への連鎖を危惧した日銀は、いよいよ株価にもマイナスに働く金融引き締めができなくなった。長引く超低金利は市場にマネーをジャブジャブと流し、そのマネーが土地や株、ゴルフ会員権などを法外な値段に釣り上げた。こうして誕生したのが、バブル経済だった。そもそもプラザ合意による円高がなければ、バブルを招いた度を越した金融緩和は行われていなかったのだ。

バブルにもメリットはあった。輸出の低迷に苦しんでいた電機メーカーが、一時的とはいえ救われたのは間違いない。バブル期に投資された潤沢な研究開発費が、九〇年代にさまざまな新製品として花開いたのもバブルの恩恵の一つだった。

しかし、弊害は簡単に取り返せないほど大きかった。当時は誰もバブル景気などとは思わず、日本経済の実力だと信じていた。その結果、好景気が続くのを前提に多くの企業のわきが甘くなり、誤った経営判断を繰り返したのだ。

企業の現場では明らかにタガが緩んだ。その結果、設備投資、広告宣伝費、新卒採用、さらには第二章で取り上げた慢心までもが肥大化していった。必然的に固定資産や人的資産は膨らみ、日本企業は高コスト体質に陥っていった。

右肩上がりの株価を背景に、製造業にもかかわらず、財テクという名の株式投資や債券投資に力を入れる企業も現れた。もちろん電機業界も例外ではない。後年社会問題になる損失補塡問題（大口顧客に対し、証券会社が投資による損失を補塡した不祥事）でも、ほとんどの電機メーカーが証券会社の補塡先リストに名を連ねていた。世の中が空前の好景気に浮かれる中で、企業も安易な儲け話にうつつを抜かしていたと言われても仕方がなかった。

日経平均株価が最高値を付けたのは、一九八九年一二月二九日だ。この日は奇しくも東京株式市場にとって、八〇年代最後の営業日になる。一つの時代が終わりを迎えたと同時に、日本経済がピークを打ったのだ。年が明けると日本経済は変調をきたし始め、ゆっくりと崩壊に向かっていった。

二つの隕石が落ちてきたにもかかわらず、八〇年代の電機業界は高度成長期の余力と空前の好景気に助けられ、何とか時代を乗り切った。しかし、二つの隕石の影響は徐々に深刻さを増してゆく。昭和から続く日本流の経営が立ち行かなくなり、大手電機メーカーが道に迷い始めるのは、九〇年代に入ってからだった。

バブル崩壊で終身雇用も崩壊へ

バブル崩壊で深刻なダメージを被ったのは、金融機関や不動産業が中心だった。地価や株価の上昇を大前提に、融資、投資、回収のサイクルをマッチポンプ的に回していたのだから、その前提条件が崩れてしまえば破綻するのは明らかだった。

景気が急速に悪化する中で、製造業は日本経済の最後の砦と呼ばれた。世間は電機メーカーや自動車メーカーが持ち前の技術力で輸出を盛り返し、強い日本経済を復活させてくれると期待した。技術大国ニッポンの低迷は一過性のものだ、とまだ多くの人が信じていた。

実際に日本の電機メーカーは、九〇年代に入っても画期的な新製品を開発している。東芝は一九九一年に世界初の本格的なラップトップパソコンを発売する。ソニーがMDを製品化したのも同じ年だ。前年には、シャープが業界に先駆けて家庭用ファクシミリを世に出した。どの企業も、まだバブル期の潤沢な開発投資の恩恵を残していた。

ところが、肝心の業績は思うように改善していない。図2（八九ページ）の大手九社の業績推移を見ると、九〇年代に入り、長年続いていた右肩上がりの売上に急ブレーキがかかっているのがわかる。純利益率も二％にすら届いていない。バブル崩壊を境に、金融機関や不動産業だけでなく、大手電機メーカーの業績も変調をきたし始めていたのは明らかだった。

振り返ると、九〇年代は電機メーカーの経営が困難を極めた時代だった。

バブル崩壊による景気悪化で国内事業が急失速しただけでなく、各社は過剰な設備投資や人員採用による高コスト体質という問題を抱えていた。おまけに、一時は営業外収益として利益に貢献していた財テクが、含み損を抱える始末だ。バブルのツケは大きかった。

国内が苦しければ海外で挽回できればよかったのだが、それも簡単ではなかった。プラザ合意からの円高で日本企業のコスト優位性はとうに失われており、足元ではさまざまな製品カテゴリで、韓国企業や台湾企業による浸食が始まっていた。バブル期には小康状態を保っていたドル円相場も、九〇年代に入ると再び円高に進み始め、一九九五年四月には一ドル＝七九円七五銭という当時の史上最高値をつけた。これほどの円高では日本からの輸出は絶望的で、よほどの高付加価値製品でない限り海外での生産が不可欠だった。八方塞がりとも言える状況で、電機メーカー各社は攻めの姿勢から守りの姿勢へとコペルニクス的転回を迫られる。

パナソニックは、バブル期のシェア第一主義から、売上が横ばいでも一定の利益を上げられる体制作りへと大きく舵(かじ)を切った。社長の谷井昭雄(たにいあきお)氏は、目指すべき体制を高付加価値経営と名付け、社員に徹底した意識改革を促した。[*10] バブルで知らぬ間に気が緩んだ社員に、強い危機感を植え付けようとしたのだ。

ＴＤＫが考えたのは、もっと荒療治だった。業績悪化を受けて、指名した管理職五〇人に九割の給与支給の継続を保障したうえで、定年までの自宅待機を命じる計画を発表したのだ。もちろん、大した経費削減にはならない。真の狙いはコストではなく、管理職の意識改革だった。

このニュースを知った時は、私も社員のひとりとして氷で背筋をなぞられたような感じがした。会社から出社不要と命じられるのは、当事者からすれば辞めて転職先を探せと言われているのに等しい。「指名される人たちは、家族に何と言うのだろうか?」そんな素朴な疑問が頭に浮かんだのを覚えている。まだ青二才だった私にも、終身雇用への信頼が大きく揺らいだのがわかった。

電機業界では、パイオニアなどもホワイト・カラーの雇用に手を付けた。多くの企業が、バブル崩壊までは聖域として守ってきた研究開発や雇用に、少しずつメスを入れ始めていった。

とはいえ、長い歴史の中で業績低迷など決して珍しい話ではないのも事実だ。七〇年代にはニクソンショックやオイルショック、八〇年代には円高不況があった。それぞれの時代に深刻な不況は必ずあるものだ。業績の悪化だけをもって、九〇年代の電機メーカーの経営が困難を極めたとするのは、いささか言い過ぎだろう。

では、何がこの時代の経営を難しくしたのか。

九〇年代の経営者は、業績の低迷だけでなく、昭和から続く日本流経営が限界を迎えるという大きな問題も抱えていた。戦後の高度成長を支えてきた終身雇用、株式の持ち合い、系列といった日本特有の仕組みが機能不全に陥りつつあったのだ。経営を立て直すには日本流経営に見切りをつけ、長年続いてきた慣習や、少し大げさに言えば、創業者が大切にした理念までも見直さなければならない時代を迎えていた。

「企業の最大の使命は、雇用を作って、税金を払うことだ」

シャープの創業者である早川徳次氏は、若かりし日の父にこう教示した。[*11] 終身雇用でより多くの社員に安定した生活を提供し、国や地方にしっかりと税金を納め、社会に貢献することこそが企業の存在価値だと明言していたのだ。

「会社というものは、社会を豊かにするためのツールなんだ。本末転倒しているのが、アメリカの資本主義だ[*12]」

高度成長期のシャープを牽引した佐伯旭（さえきあきら）氏も、こう言ってM&Aやリストラを厭（いと）わないアメリカ流経営を悪しざまに言う時があった。三つ子の魂百までではないが、偉大な先人の言葉は、九〇年代に経営を担っていた父の心にも消えずに残っていたそうだ。

ところが、両氏の言葉から三〇年を待たずに世界は大きく変わっていく。自由貿易と、市場主義経済を推し進めるグローバリズムの力が強まったのだ。一九七一年にブレトンウッズ体制が崩壊した頃から広がり始めたグローバリズムは、冷戦終結によるアメリカ一強体制が追い風になり、九〇年代にその勢いを一層強めた。

グローバリズムに飲み込まれる

この大きなうねりは、製造業の経営にも大きな影響を及ぼした。

グローバリズムの広がりによる金融自由化は、国境をまたいで投資や投機に向かうマネーを膨張させ、為替を通じて製造業にも甚大な影響を与えた。吉川元忠（きつかわもとただ）氏の著書『マネー敗戦』（文春新書、一九九八年）によれば、一九九五年四月時点での世界の外国為替取引高は、一日平均一兆一九〇〇億ドルだったが、この中で、世界の貿易規模（ものの売り買い）はその一・二％に過ぎなかったそうだ。残る九八・八％は証券投資などにともなう為替取引や、通貨そのものを別の通貨で買う、いわゆるディーリングによる為替取引だった。つまり、為替の価値は貿易の多寡ではなく、国境を越えて飛び交う投資・投機マネーによって決まる仕組みになっていた。製造業が血の滲（にじ）む思いで実現したコスト削減など、為替相場によって一瞬にして帳消しにされる世の中、言い換えれば金融経済が実体経済を翻弄するのが当たり前の世の中になっていた。

同じくグローバリズムによる自由貿易の拡大は、製造業に国家という概念を取り払って利益を最大化することを求めた。一九九二年には北米でＮＡＦＴＡ（ナフタ）が、東南アジアではＡＳＥＡＮ（アセアン）自由貿易地域（ＡＦＴＡ（アフタ））が調印され、地域での自由貿易が広がった。一九九五年には、関税の引き下げや、直接投資に対する規制緩和を求める世界貿易機関（ＷＴＯ）も設立される。グローバリズムが急速に広がる中で、企業が成長するためには、より安いコストと開かれた市場を求め、国境を度外視した戦略を組む必要に迫られた。

このように金融自由化や自由貿易が広がる世界では、「企業の最大の使命は、雇用を作って、税金を払うことだ」という先人の教えは通用しなくなっていた。グローバリズムの真っ只中で一企業としての繁栄を目指せば、自国での雇用や納税にこだわってはいられない。たとえ地方の雇用や納税に大きな打撃を与えようとも、グローバル競争に勝つためには生産拠点をコストの安い国に移さざるを得なくなっていた。その結果、日本中にシャッター商店街が溢れようともだ。九〇年代に入り、マクロ経済とミクロ経済の整合性が取れない世界が当たり前になっていたのだ。

実際にグローバリズムの広がりによって日本国内の空洞化が進み、電機業界の国内雇用者数は、一九九〇年の一九四万人から、一〇年後には一五七万人まで、三七万人も減少している。[*13] この減少数は日本全体の就業者数の〇・五%に及ぶ。雇用という面では、電機業界の弱体化はすでに顕在化し始めていた。

このように、九〇年代の電機メーカーの経営は、バブル崩壊による深刻な業績低迷と、グローバリズムによる金融自由化や自由貿易の拡大が重なったことで、舵取りが極めて難しいものとなった。何せ過去に類のない二つの大きな課題に直面したのだ。当時の経営者が業績の回復と、日本流経営からの脱却、すなわち経営改革に相当の労力を奪われたのは間違いない。

そんな中、経済界ではグローバルスタンダードという言葉が流行り始める。長引く業績不振を理由に、日本企業の経営も世界的な標準＝グローバルスタンダードに準拠して行われるべき、とする考えが広まったのだ。この考えに合わせ、多くの企業が昭和から続いていた仕組み、例えば終身雇用や年功序列、メインバンク制度などの見直しに着手していった。

繰り返しになるが、九〇年代の電機メーカーは、業績の改善と経営改革の二兎（にと）を追う必要に迫られた。ところが、必死に二兎を追っている裏で、三匹目の兎（うさぎ）が現れた。案の定、大手電機メーカーは三匹目に気づくのが遅れ、捕まえ損ねてしまう。前段が長くなってしまったが、その失敗こそが、九〇年代の困窮の罪だった。

インターネットに乗り遅れる

八〇年代に隕石のように降ってきたインターネットは、九〇年代も半ばを迎える頃、いよいよその本領を発揮し始めた。きっかけは、一九九五年のWindows 95の登場だった。

このOSによって、一般家庭でも簡単にインターネットへ接続できる環境が整った。

この時代、アメリカではインターネットを新たなビジネスチャンスと捉えたベンチャー企業が、雨後の筍のように誕生する。その中で、人並外れた能力と運を持ち合わせた者が、プラットフォーマーへと飛躍していった。

ヘッジファンドのアナリストだったジェフ・ベゾス氏がアマゾンを設立したのは一九九四年のことだ。同じ年にスタンフォード大学の二人の学生が、ヤフーを立ち上げている。

一九九六年には同じくスタンフォード大学で、新しいインターネット検索の理論を研究するプロジェクトが始まった。このプロジェクトが、のちのグーグルにつながっていく。

アップルは一九七六年の創業だが、同社が画期的な製品を世に出すのは、追われるように同社を去っていたスティーブ・ジョブズ氏が復帰してからのことだ。その意味では、彼がアップルに戻った一九九七年が第二の創業年だと言える。

日本でもインターネットに着目し、先行したのは新興企業だった。郵政省（現総務省）の認可の壁に苦労しつつ、一九九三年に初めてインターネット接続サービスを始めたのは、インターネットイニシアティヴ（IIJ）という生まれたての会社だった。

NTTが独占していた通信インフラに、ADSLという高速・大容量通信サービスで対抗したのも、東京めたりっく通信というベンチャー企業だ。同社はのちにソフトバンクに買収されている。

そのソフトバンクは、一九九六年を「インターネット元年」と位置づけ、ヤフージャパンのサービスを開始している。また、翌一九九七年には、楽天が立ち上がった。

このように、第二段階のデジタル化を牽引する企業の誕生は、国内外ともに一九九四年から一九九七年に集中している。では、その時代、日本の大手電機メーカーは何をしていたのか。

残念ながら、出遅れた。ＩＴが事業主体のＮＥＣや富士通でさえ、インターネットを成長の柱と位置づけたのは一九九九年のことだ。この年にＮＥＣはインターネット時代に対応した経営改革をうたい、ＢＩＧＬＯＢＥ（ビッグローブ）をドライビングフォース（企業の推進力）として発展してゆく計画を打ち出した。[*14] 富士通は「Everything on the Internet」を掲げ、@nifty（アットニフティ）をプラットフォーム化するアイデアを公表する。[*15]

ただ、両社の動きはソフトバンクと比べても、三年遅れている。犬の一生は人間より七倍速く進むところから、ドッグイヤー並みの速さで時間が流れると言われていたＩＴ業界で、三年の遅れは大きすぎた。案の定、ＢＩＧＬＯＢＥも、@niftyも大きな成果を残せず、最終的には売却の憂き目にあった。

新しい事業の絵を描ける経営者がいない

当時インターネットを軽視した企業などなかったはずだ。インターネットの普及を見込んだソニーは、VAIO（バイオ）ブランドでパソコン事業に再参入し（一九九六年）、富士通や三菱電機など多くの電機メーカーは、NTTが提唱したiモード対応の携帯電話の開発にしのぎを削っていた。大手電機メーカーも、必死でインターネット時代に合ったハード機器の開発に励んでいたのだ。

しかし、もう一歩進んで、GAFAのように、まったく新しいビジネスモデルの構築に早い段階から踏み込んだ電機メーカーは、残念ながら見当たらない。

その責任を求めれば、九〇年代の電機業界を牽引していた経営者に行き着く。製品開発は現場の力に左右されるだろうが、新しいビジネスモデルとなれば、経営者の力量に依（よ）るところが大きくなる。当時の大手電機メーカーの経営者には、ハード機器から発想を飛躍させ、まったく新しい事業の絵を描ける人材がいなかったということだ。

私は一度父に聞いたことがある。

「当時の役員会などで、どうやってインターネットをビジネスチャンスに変えるか議論したことはなかったのか」と。

「記憶にないなあ。あの頃は円高やら、バブルの後処理やらに忙殺されとったからなあ」

父はしみじみと答えた。

九〇年代の日本の電機メーカーは、せっかくの資金力や技術を十分に活かせないまま、第二段階のデジタル化の波に乗り損ねた。バブル崩壊や、グローバリズムの広がりに振り回された結果、インターネットという隕石の落下への対応が遅れたのだ。この過ちこそが、九〇年代の困窮の罪だった。

一九九〇年に〇・〇二％だった日本におけるインターネットの世帯普及率は、一九九七年には九・二％まで拡大し、二〇〇〇年には三〇・〇％にまで至っている。[*16]

第二の隕石は確実にその影響力を強めていた。

間違った「選択と集中」

時代は二〇〇〇年を迎える。

日本の電機メーカーはプラットフォーマーになるタイミングを逃したが、第二段階のデジタル化はGAFAだけが主役ではない。通信インフラや半導体も第二段階のデジタル化を支える重要な技術だった。九〇年代は日本流経営の行き詰まりに苦しんだ日本の電機メーカーだったが、当時は、さまざまな製品で高い市場シェアとブランドイメージを維持しており、巻き返す可能性はまだ十分に残っていた。

ところが、二〇〇〇年代の業績（収益性）は九〇年代より、さらに悪化している（図3）。一〇年間のうち、赤字は四回に及ぶ（一二〇、一二一ページ参照）。ITバブルの崩壊やリーマンショックに苦しめられたとはいえ、この実績はあまりにもひどい。ここからは、なぜ日本の電機メーカーは二〇〇〇年代に入っても凋落に歯止めがかけられなかったのか、この時代を象徴する一つのキーワードを軸に、その原因を探ってみたいと思う。

一九九五年から二〇〇〇年の間に、大手電機メーカー九社のすべてで社長が交代した。順当な世代交代もあったが、巨額の赤字を理由に、前任が引責辞任に追い込まれたケースもあった。バブル崩壊の後遺症や、グローバリズムの拡大に苦しむ中で、バトンを受けた新しい経営トップが「このままではダメだ」という強い危機感を持っていたのは容易に想像できる。実際に多くの新任社長が、改革の必要性を社内外に訴えていた。

そのような経営者が参考にしたのが、「選択と集中」だった。これは、自社が得意とす

（単位：億円）

	85年度	86年度	87年度	88年度	89年度	Total
	50,105	48,487	49,751	64,014	70,779	486,956
	1,502	987	1,368	1,856	2,110	15,763
	33,730	33,076	35,724	38,009	42,520	311,999
	594	342	607	1,194	1,318	6,835
	21,095	21,075	23,683	27,168	29,764	203,916
	300	106	222	532	768	3,825
	13,461	5,578	14,569	22,015	29,452	144,992
	419	133	367	725	1,028	5,490
	45,749	14,824	48,190	55,043	60,028	432,462
	1,637	474	1,628	2,135	2,356	18,043
	12,160	11,487	12,252	12,589	13,679	106,549
	359	208	203	291	417	3,091
	12,010	12,043	12,559	13,896	14,961	126,363
	21	-175	61	168	175	1,996
	23,347	24,497	27,147	30,828	34,442	217,923
	272	150	254	645	852	4,120
	16,918	17,894	20,468	23,874	25,498	156,891
	389	216	421	699	868	5,221
	228,575	188,961	244,343	287,436	321,123	2,188,051
	5,493	2,441	5,131	8,245	9,892	64,384
	2.4%	1.3%	2.1%	2.9%	3.1%	2.9%

	95年度	96年度	97年度	98年度	99年度	Total
	81,238	85,231	84,168	79,774	80,012	790,735
	1,418	883	35	-3,388	169	5,260
	51,201	54,534	54,585	53,009	57,494	505,493
	904	671	73	-139	-280	3,607
	35,114	37,252	38,013	37,941	37,742	348,823
	592	85	-1,059	-445	248	1,493
	45,926	56,631	67,555	67,946	66,867	498,087
	543	1,395	2,221	1,790	1,218	7,119
	67,949	76,759	78,907	76,401	72,994	719,779
	-569	1,379	936	135	997	8,330
	16,507	17,906	17,905	17,455	18,548	165,636
	463	485	248	46	281	3,442
	5,246	18,462	19,247	18,824	20,143	163,666
	-37	177	123	-259	217	629
	43,972	49,484	49,011	47,594	49,914	423,344
	772	916	413	-1,579	104	1,290
	37,620	45,035	49,854	52,430	52,551	400,213
	631	461	56	-136	427	2,135
	384,773	441,294	459,245	451,374	456,265	4,015,776
	4,717	6,452	3,046	-3,975	3,381	33,305
	1.2%	1.5%	0.7%	-0.9%	0.7%	0.8%

図3　大手電機メーカー業績　10年単位

		80年度	81年度	82年度	83年度	84年度
日立	連結売上	33,592	36,987	39,437	43,671	50,133
	純利益	1,291	1,371	1,505	1,671	2,102
東芝	連結売上	20,996	23,437	24,010	27,069	33,428
	純利益	502	443	384	590	861
三菱	連結売上	13,387	14,412	15,576	17,408	20,348
	純利益	342	346	350	389	470
ソニー	連結売上	10,510	11,138	11,110	12,767	14,392
	純利益	618	458	298	714	730
パナソニック	連結売上	34,513	36,496	39,885	47,207	50,527
	純利益	1,567	1,571	1,827	2,384	2,464
シャープ	連結売上	6,239	7,323	8,980	10,173	11,667
	純利益	242	292	299	381	399
三洋	連結売上	9,750	10,300	11,257	14,405	15,182
	純利益	318	288	339	439	362
NEC	連結売上	10,506	12,522	14,431	17,619	22,584
	純利益	221	279	330	446	671
富士通	連結売上	6,946	8,003	9,568	12,099	15,623
	純利益	270	318	483	667	890
合計	連結売上	146,439	160,618	174,254	202,418	233,884
	純利益	5,371	5,366	5,815	7,681	8,949
純利益率		3.7%	3.3%	3.3%	3.8%	3.8%

		90年度	91年度	92年度	93年度	94年度
日立	連結売上	77,370	77,655	75,362	74,002	75,923
	純利益	2,302	1,276	773	653	1,139
東芝	連結売上	46,954	47,224	46,275	46,309	47,908
	純利益	1,209	395	206	121	447
三菱	連結売上	33,162	33,433	32,603	31,054	32,509
	純利益	798	361	285	207	421
ソニー	連結売上	36,908	39,154	39,929	37,337	39,834
	純利益	1,169	1,201	363	153	-2,934
パナソニック	連結売上	65,993	74,499	70,559	66,236	69,482
	純利益	2,589	1,329	384	245	905
シャープ	連結売上	15,326	15,549	15,083	15,181	16,176
	純利益	469	391	296	318	445
三洋	連結売上	16,159	15,658	15,568	16,936	17,423
	純利益	168	-13	-16	113	156
NEC	連結売上	36,988	37,739	35,150	35,798	37,694
	純利益	544	153	-452	66	353
富士通	連結売上	29,715	34,419	34,619	31,393	32,577
	純利益	827	122	-326	-377	450
合計	連結売上	358,575	375,330	365,148	354,246	369,526
	純利益	10,075	5,215	1,513	1,499	1,382
純利益率		2.8%	1.4%	0.4%	0.4%	0.4%

*86年度にパナソニックとソニーが決算月変更。95年度に三洋が決算月変更。

	05年度	06年度	07年度	08年度	09年度	Total
	94,648	102,479	112,267	100,004	89,685	921,704
	373	-328	-581	-7,873	-1,070	-12,320
	63,435	71,164	76,681	66,545	63,816	625,809
	782	1,374	1,274	-3,436	-197	-848
	36,042	38,557	40,498	36,651	33,533	366,661
	957	1,231	1,580	122	283	5,683
	74,754	82,957	88,714	77,300	72,140	766,092
	1,236	1,263	3,694	-989	-408	8,795
	88,943	91,082	90,689	77,655	74,180	804,082
	1,544	2,172	2,819	-3,790	-1,035	-1,374
	27,971	31,278	34,177	28,472	27,559	255,628
	887	1,017	1,019	-1,258	44	3,908
	24,843	23,086	20,834	18,412	16,573	221,883
	-2,057	-454	287	-932	-488	-5,514
	48,249	46,526	46,172	42,156	35,831	467,613
	121	91	227	-2,966	114	-4,341
	47,914	51,002	53,309	46,930	46,795	492,337
	685	1,024	481	-1,124	931	-2,148
	506,799	538,131	563,341	494,125	460,112	4,921,809
	4,528	7,390	10,800	-22,246	-1,826	-8,159
	0.9%	1.4%	1.9%	-4.5%	-0.4%	-0.2%

る成長分野に経営資源を集中させる一方で、将来性が見込めない事業や、強みが発揮できていない事業からは撤退を図り、経営効率を高めようとする戦略だ。令和の今日でも企業再生の王道とされ、経営者が「選択と集中」を宣言すれば、投資家やマスコミは概して好意的に評価するマジック・ワードになっている。

もともとは経営学者のピーター・ドラッカー氏が提唱し、GEのCEOだったジャック・ウェルチ氏が世に広めたものだ。ウェルチ氏は巨大コングロマリット（複合企業）GEを舞台に、他社に先駆けてこの「選択と集中」を実践した。八〇年代から九〇年代にかけてのことだ。自

		2000年度	01年度	02年度	03年度	04年度
日立	連結売上	84,170	79,938	81,918	86,325	90,270
	純利益	1,044	-4,838	279	159	515
東芝	連結売上	59,514	53,940	56,558	55,795	58,361
	純利益	962	-2,540	185	288	460
三菱	連結売上	41,295	36,490	36,391	33,097	34,107
	純利益	1,248	-780	-118	448	712
ソニー	連結売上	73,148	75,783	74,736	74,964	71,596
	純利益	168	153	1,155	885	1,638
パナソニック	連結売上	76,816	68,767	74,017	74,797	87,136
	純利益	415	-4,310	-195	421	585
シャープ	連結売上	20,129	18,038	20,032	22,573	25,399
	純利益	385	113	326	607	768
三洋	連結売上	22,410	21,121	22,739	25,999	25,866
	純利益	422	17	-728	134	-1,715
NEC	連結売上	54,097	51,010	46,950	48,605	48,017
	純利益	566	-3,120	-246	100	772
富士通	連結売上	54,844	50,070	46,176	47,669	47,628
	純利益	85	-3,825	-1,221	497	319
合計	連結売上	486,423	455,157	459,517	469,824	488,380
	純利益	5,295	-19,130	-563	3,539	4,054
純利益率		1.1%	-4.2%	-0.1%	0.8%	0.8%

出典　『会社四季報』1981年秋号～2010年秋号

社が行うさまざまな事業の中で、業界で一番か二番になり得るものはＭ＆Ａなどを駆使して積極的に増強し、そうでない事業は躊躇なく売却か撤退を決めた。その結果、ＧＥでは医療機器事業や金融事業が開花し、家電事業や半導体事業は撤退の憂き目にあった。

ウェルチ氏の手法は手ぬるいものではなかった。当時は経営危機に直面した時に限り苦肉の策として実施されていた事業売却や人員削減を、彼は平時から実行した。タイムリーに「選択と集中」を実現するためならば、たとえ好業績でもリストラをためらわなかった。この容赦ない経営手法はアメリカでも社会的非難を浴びたが、GEの好業績の前ではその声もやがて萎んでいった。*17

日本の経営者が「選択と集中」に傾倒した背景には、バブル崩壊から続く業績の低迷だけでなく、株主第一主義の広がりもあった。一九九七年にアメリカのビジネス・ラウンドテーブル（アメリカの主要企業のトップが集う財界組織）が、「企業は主に株主のために存在する」と明記したことが日本企業にも影響していた。経営者は投資家に対し、目に見える形で経営改革の成果を示す必要に迫られ、身を切る改革を躊躇せず、M&Aを積極的に活用する「選択と集中」に関心が集まったのだ。

あと二週間で二〇〇〇年を迎える年の瀬に、日立製作所とNECが「選択と集中」を実行に移す。基幹だった半導体DRAM事業を切り離し、合弁会社エルピーダメモリを設立する。その三年後には、三菱電機のDRAM事業も同社に加わった。一時は世界の八割のシェアを握り、圧倒的な強さを誇っていた基幹事業DRAMに、各社は見切りをつけたのだ。韓国勢との熾烈な競争で収益性が大きく悪化し、巨額の投資を継続できなくなっていたのが主な原因だった。

日立製作所とNECの「選択と集中」は、それだけに終わらない。二〇〇〇年代だけを見ても、NECはプラズマディスプレイをパイオニアへ譲渡し、日立製作所はシステムL

ＳＩや携帯電話事業を本体から切り離している。

その他の企業も同様だ。パナソニックは二〇〇六年にＭＣＡへの投資から完全撤退し、ソニーは本業から外れた生命保険事業からの撤退を表明するが、のちに撤回するという迷いを見せた。

一方で、強化すべき事業を選択する動きも活発になる。日立は二〇〇二年にＩＢＭからハードディスク部門を、東芝は二〇〇六年にアメリカの原子力関連企業ウエスチングハウス社を、巨額を投じて買収し、事業の増強を図る。シャープは液晶事業への集中を宣言し、社内のリソースを半導体から液晶に集中させた。[*18] 多くの企業は「選択と集中」こそが再生の道だと信じ、事業の取捨選択を推し進めた。

私が勤めていたＴＤＫも例外ではなかった。二〇〇二年には社長の澤部肇（さわべはじめ）氏が投資家に対し、個々の事業価値を数値化し、「選択と集中」を徹底すると宣言した。[*19] ＩＴバブルの崩壊でＴＤＫは二〇〇一年度に大きな赤字を計上しており、他社と同様に経営改革が欠かせない状況に追い込まれていたのだ。

社長の宣言で私が所属していた記録メディア事業本部の危機感は、いやが上にも高まった。何しろ社内で唯一のＢ２Ｃ部門で、おまけに赤字なのだから、このままでは売却か撤退の憂き目にあうのは誰の目にも明らかだった。残された時間は、そう長くはなさそうだった。

不採算のままでは「選択と集中」の土俵にさえ上がれないのは明らかで、追い込まれた記録メディア事業本部はコストや人員の削減を繰り返した。業績改善に追われる組織は、徐々に近視眼的な見方に支配されていく。プラザ合意後の猛烈な円高に直面した時のシャープのように、五年先、一〇年先を見据え、どのような事業領域にチャンスがありそうなのか、どのような事業構造に変えてゆくべきなのか、といった議論は深まらず、目先の黒字化だけに注目が集まった。その先に待っていたのは、コスト削減の果ての干からびた組織と、将来の展望が見えない諦観の蔓延(まんえん)だけだった。

数年後、ＴＤＫは公約通り「選択と集中」を実行し、記録メディア事業の大部分を競合であったイメーションに売却した。この決断は、当事者の私から見ても仕方がないものだった。実際にＢ２Ｂ事業に経営資源を集中させたＴＤＫは、その後Ｍ＆Ａを駆使しながら順調に成長を続けている。

異端の技術者が許されなくなった

ＴＤＫの「選択と集中」は成功したが、体験的に思うのは、この戦略には深刻なリスクがあるということだ。

「選択と集中」が実行される組織では、あらゆる余裕が奪われていく。業績改善のために何度もリストラを繰り返せば、金銭的、人的余裕だけでなく、時間的、精神的なゆとりまでも失っていくのは容易に想像してもらえるだろう。

その一方で、業績を大きく改善するためには、イノベーションが必要だ。新しい製品やサービスを生み出し、ヒットさせる必要がある。ところが、予算が乏しく、人手も足りず、おまけに結果を急かされる組織でイノベーションを起こすなど無理な話だ。組織に余裕がなければ、画期的な製品やサービスは生まれない。

この自己矛盾に陥ると、いつまで経っても「選択と集中」から抜け出せなくなる。すなわち、リストラを繰り返すものの、肝心の成長の道筋が見つけられず、縮小均衡に陥るのだ。この悪循環こそが「選択と集中」の最大のリスクなのだ。

では、実際にイノベーションの誕生に組織の余裕がどれほど重要なのかを知ってもらうため、過去の成功事例をいくつか紹介しよう。

日本発のイノベーションとして思いつくのは、ＮＡＮＤ型フラッシュメモリーだ。東芝が開発した通電をやめてもデータ記録が維持される画期的なメモリーで、ＳＤカードなどの記録メディアに留まらず、ｉＰｈｏｎｅなどにも欠かせない半導体である。

ところが、ＮＡＮＤは東芝が全社を挙げて開発した製品ではない。勤務時間内から酒を口にするような異端の技術者舛岡富士雄（ますおかふじお）氏と、少人数の部下が半ば自主的に開発を進めた製品だった。一九八七年、バブル経済が本格化しようとしていた頃の話だ。

当時の半導体メモリーはＤＲＡＭが全盛だったが、東芝は舛岡氏が率いる開発チームを放任し、あえて先が読めない新しいメモリー開発を続けさせた。その甲斐（かい）あって、開発チームは一九九一年に試作品の完成にまでたどり着く。やがてデジタルカメラなどの普及が追い風となり、ＮＡＮＤの需要は想定以上に拡大する。二〇〇〇年代になると傍流の研究者たちが開発した技術は東芝の主軸製品に成長しただけでなく、日本発のイノベーションの代表選手になっていた。[*20]

日本の電機業界からは離れるが、アメリカ企業３Ｍが開発したポスト・イットは偶然の産物だった。

ある時、接着剤を開発中に、くっつきやすいが、すぐにはがれる接着剤ができてしまった。普通なら失敗作としてゴミ箱行きになるのだが、担当した技術者が何かに使えそうだと社内で製品化のアイデアを募った。すると、たまたま賛美歌を歌う際に、風で付箋が飛ぶのに困っていた社員がポスト・イットの原案を持ち込んできた。これが、世界的な大ヒット製品の誕生へとつながっていく。[*21]

普通の企業ならば、市場性が見えない限り製品化には動かないものだ。ところが、同社には一五％カルチャーがあった。勤務時間の一五％を自分の好きな研究に充ててよいとする社内ルールだ。かの技術者はこのルールに則って先が見えないまま開発を進め、二年の歳月をかけてポスト・イットを製品化させたのだ。

３Ｍが一五％カルチャーを重視する背景には、優れた新製品を開発するには大量のものを試し、うまくいったものを残すしかないという経験則があった。イノベーションを予測するのは難しく、やってみないとわからないという考え方だ。[*22] 同じアメリカ企業でもＧＥとは対象的な発想だ。３Ｍが今日でも幅広い分野で優れた製品を出し続けている理由の一つに、この製品開発哲学があるのは間違いないだろう。

液晶は電卓の小さな文字盤から進化を始め、ついには薄型テレビにまで至った技術だが、その元となった電卓誕生の発端は、いたっていい加減なものだった。

高度成長の真っ只中だった六〇年代、日本の大手電機メーカーではコンピューター開発がブームとなっていた。日本では日立製作所やＮＥＣが先行する中、ブームに遅れまいとシャープも通産省（現経済産業省）に手を挙げた。当時新しい事業を始めるには、同省の承認が必要だったのだ。しかし、シャープの技術力、資金力に不安を覚えた通産省は、同社の申請を却下した。

役所にあしらわれたシャープは、素直に言いなりにはならずに抜け道を探った。

「コンピューターゆうたかて、しょせん計算機やろう」

この少々強引な理論をもとに、シャープはコンピューターの開発から、電子計算機の開発に路線変更したのだ。最終的に同社は世界で初めてオールトランジスタによる電卓を製品化するのだが[*23]、この製品が世界中で大ヒットし、そこから派生する液晶技術がテレビにまで進化するとは、当時は誰も予想していなかったはずだ。

計画的にイノベーティブな製品を開発するのは難しい。ＮＡＮＤ型フラッシュメモリーやポスト・イット、電卓も、一つ間違えば日の目を見る機会さえなかったかもしれない。これらの成功例に共通しているのは、それぞれの組織に余裕があることだ。傍流の研究を続けさせた東芝、個人の裁量を許した３Ｍ、黙ってお上に従うことをよしとしなかったシャープ。どの組織にも、時間的、金銭的だけでなく、精神的な余裕を感じる。もし、それぞれが「選択と集中」の徹底されていた組織であったならば、異端の技術者は排除されていただろうし、出来損ないの接着剤に時間を費やすことは許されず、通産省に認められなかった事業は早々に棚上げになったはずだ。このように、イノベーションと「選択と集中」は、親和性が低いのだ。

悪循環へ

その事実を裏付けるように、「選択と集中」が広まった二〇〇〇年以降、大手電機メーカーから目立ったイノベーションは生まれていない。イノベーション自体が製品からサービスに移った側面はあるにせよ、二〇〇〇年代に登場したスマートフォンやＷｉ-Ｆｉ技術も、開発の中心となったのはアメリカ企業だ。

それどころか、日本の大手電機メーカーでは選択した事業に失敗した事例が目立つ。日立製作所はハードディスク事業の強化を目的にＩＢＭから事業買収を行ったが、黒字化に手間取り、最終的には同事業に見切りをつけ、アメリカ企業へ売却して終わった（二〇一二年）。

東芝の状況はさらに厳しく、買収したウエスチングハウス社の破綻をきっかけに、東芝本体が経営危機に陥ったのは大きなニュースになった（二〇一七年）。深刻な危機から東芝を救ったのがＮＡＮＤだったのは、皮肉な結果だった。

液晶への集中を掲げ、一時は飛ぶ鳥を落とす勢いだったシャープも一本足打法経営がアダとなり、液晶事業の低迷にともなって破綻の危機に直面する（二〇一二年）。最終的には台湾企業鴻海に助けられたのは誰もが知るところだ。

「選択と集中」がうまく行けば、これほど効率的なことはない。しかし、日本企業の実績を見る限り、その成功例は多くない。将来に向けて確実に成長し、かつ適切な利益を生んでくれる事業を見抜くのは、誰にとっても至難の業なのだ。

「選択と集中」を誰よりも早く実践し、二〇世紀最高の経営者に選ばれたジャック・ウェルチ氏でさえ、必ずしも選択すべき事業の目利きがうまかったわけではない。それを示す逸話を最後に紹介しよう。

半導体ＣＭＯＳイメージセンサーは、令和の今日、ソニーが五〇％を超える市場シェアを持ち、同社の利益の四分の一を稼ぎ出す花形事業だ。しかし、Ｂ２Ｃビジネスが中心のソニーにあって、半導体事業は必ずしも順風満帆だったわけではない。まだ事業規模が小さかった頃、当時のＣＥＯだったハワード・ストリンガー氏は、ソニーの経営アドバイザーに就任していたジャック・ウェルチ氏から「選択と集中」を実行し、半導体事業を切り離すよう再三進言されていたそうだ。[*24]幸いにもストリンガー氏は彼の助言に従わず、同社の半導体事業は生き延び、今日の大成功に結びついた。

対照的に、八〇年代にCMOS半導体で先行していたのはシャープだった。RCA（アメリカの電機メーカー）は同社の技術力の高さを評価し、両社は一九八四年にアメリカで合弁事業を始めた。ところが、間もなくそのRCAがGEに買収される。主導したのは、GEのトップだったジャック・ウェルチ氏だ。氏の目的は、当時RCAが所有していた放送局NBCの獲得で、半導体事業に興味はなかった。

案の定、ウェルチ氏は早々に半導体事業からの撤退を決める。父はコネチカット州にあるGEの本社に呼び出され、氏から一方的に合弁の解消を告げられた。ワシントン州で建設が進められていた合弁工場は、棟上げまで進んでいたにもかかわらずだ。[*25]RCAとの合弁解消の結果、シャープは同事業を伸ばすチャンスを逃し、今日に至っても鳴かず飛ばずの状態が続いている。

少し話は逸れるが、私たち親子はともに電機業界で働き、それぞれの経歴も似ていたせいか、物事の見方や考え方が似通っていた。本書の前提となっている電機産業に対する危機感は言うに及ばず、組織にはびこる権威主義に対する嫌悪や、日本企業に多い手段と目的を混同した議論への苛立(いらだ)ちなども共通していた。

ところが、一つだけ評価が分かれたものがあった。それが、この「選択と集中」だった。

「あいつらは狩猟民族や。ここはあかんと思ったら、次の土地に簡単に移りよる。ところが、農耕民族の日本人は目の前の土地に固執して、よう捨てん」

自らが半導体事業でGEに翻弄されたにもかかわらず、父は晩年になってもこう言ってジャック・ウェルチ氏を高く評価した。

その背景には、父が現役当時に感じていたジレンマの記憶があったのだろう。円高、グローバリズムの広がり、バブルの崩壊、デジタル化の進行などで事業の先行きに危機感が募る一方で、当時の日本では事業売却や雇用調整へのハードルはまだまだ高く、日本流経営の美点を唱えた先人の教えも色濃く残っていた。迅速に構造改革を進めようにも手足を縛られたような状況に、強いジレンマを感じていたわけだ。

父に限らず九〇年代の経営者がこのようなハンデ戦に苦しむ中で、多少の犠牲をともなおうとも大胆に事業構造を変えていくアメリカの経営者や、それを容認する社会に憧れを持ったのはわかる気がする。そして、この憧憬が二〇〇〇年代を担う経営者に引き継がれ、社会の変化とともに「選択と集中」が広がったのだろう。

一方の私は、組織が決めた「選択と集中」を実行した世代だ。当時の私に事業売却や撤退の決定を覆す力などあるはずもなく、「選択と集中」を命令されるたびに最前線で苦汁を嘗めた。そして、本当に多くの同僚を失った。事業が行き詰まれば「選択と集中」が必要になるのは理解していたが、同時にその副作用も嫌というほど味わった。

こと「選択と集中」に関しては、親はその大胆さに憧れ、子はその弊害に翻弄されたのだ。双方の意見が合わなかったのも仕方がなかったのだろう。

半導体に話を戻す。このように今日のCMOS半導体事業の盛衰は、図らずもジャック・ウェルチ氏の影響を色濃く受けた。もちろん人間誰しも間違いはある。二〇世紀最高の経営者とて例外ではないだろう。問題は氏の予測が外れたことではなく、将来を予測し、正しい取捨選択ができると考えた「選択と集中」の傲慢さなのかもしれない。

経営改革が不可欠となった二〇〇〇年代の電機メーカーは、リストラやM&Aを厭わない「選択と集中」を積極的に実践した。多くの企業はリストラによって一時的な効果を得たものの、M&Aなどで増強した事業は思うように成長しなかった。さらに、「選択と集中」の陰で組織はさまざまな余裕を失い、イノベーションを起こす力も大きく損ねてしまう。その結果、企業はいつまで経っても成長軌道に戻ることができず、やむなくリストラを繰り返すことになった。この悪循環こそが、二〇〇〇年代の困窮の罪だった。

対照的な二社、日産とソニー

本章では、二つの隕石（インターネットの登場と円高）の衝突をきっかけに、力を失い始めた日本の電機業界の姿を追ってきた。その四半世紀あまりの時間から見えてきたのは、長きにわたる業績の低迷と、日本流経営の限界に四苦八苦しながら、余裕を失っていった日本企業の姿だ。その結果、プラットフォーマーになる機会を逃し、イノベーションを生み出す力を自ら削いでいった。

振り返ってみれば、二つの隕石が衝突したタイミングが重なったのは、日本の電機メーカーにとっては不運だった。企業が円高やグローバリズムの広がりで守りの姿勢に入っていた中、まったく新しい通信技術の波がやって来たのだ。大手電機メーカーの資金力、技術力、人材が、第二段階のデジタル化で思う存分に発揮されなかったことは残念でならない。

他方、二〇〇〇年代までの電機業界の動きを見ていると、その横並び体質の経営も、各社が力を失っていった要因であったと思えてならない。電機業界に限った話ではないが、バブル期は強気一辺倒で設備投資や人員増強に走り、本業とは関係のない株式投資や債券投資にも群がった。ところが、景気が一変すると、どこの企業もそれが唯一無二の解決策であるかのように効率化に邁進し、日本流経営が行き詰まれば、流行の経営哲学に飛びついた。この主体性が乏しい経営の危うさは、第五章の「欠落の罪」であらためて取り上げたいと思う。

二〇二〇年、二つの象徴的な出来事があった。

ゴーン・スキャンダルで揺れた日産の新しいＣＥＯ内田誠氏が、同社の四ヵ年計画を発表した。その内容は、持続的な成長と安定的な収益の確保を目指し、聖域なき構造改革を断行するというものだった。「選択と集中」が構造改革の骨子の一つであり、今後は競争力を持つ商品、技術、市場に経営資源を集中させるとうたわれた。それは、平成の時代に多くの企業で語り尽くされた経営戦略と瓜二つだった。

同年のはじめ、ラスベガスで開催されたＩＴ家電ショー（ＣＥＳ）で、ソニーが電気自動車「VISION-S」を発表した。同社が圧倒的な強みを持つイメージセンサーで高度な自動運転を実現しつつ、車内では長年の蓄積がある音楽や映像、ゲームなどを楽しめるのだろうと想像できた。

　私はソニーのニュースにワクワクし、日産のニュースにがっかりした。両社の姿に、困窮の罪から抜け出た企業と、いまだに混迷している企業を見た気がしたからだ。企業が事業を継続するには、効率の追求は欠かせない。しかし、効率化だけでは何も生まれない。縮小均衡に陥るだけだ。企業が成長するにはイノベーティブな製品・サービスを生み出し続けなければならない。求められるのは新しいチャンスを逃さず、果敢に挑む経営姿勢であり、「選択と集中」ではないだろう。

　バブル崩壊後、多くの企業が日本流経営に限界を感じ、経営改革を試みた。しかし、その改革は中途半端に終わり、いまだに多くの日本企業は問題を抱えたままだ。続く第四章、第五章では、経営改革を経ても日本企業に残る問題点を明らかにするとともに、第六章では再び成長を取り戻すための提言を行いたいと思う。

第四章　半端の罪

日本社会の変質

九〇年代の終わりから九年間、私はＴＤＫのアメリカ現地法人に出向していた。海外にいても日本の情報は新聞やインターネットで入手できたが、日々の変化を肌で感じるチャンスは少なかった。二〇〇八年に日本に戻った私は、ちょっとした浦島太郎気分だった。インターネットにつながり、ワンセグ（地上デジタル放送の携帯・移動端末向けサービス）でテレビが観られる日本の携帯電話（フィーチャー・フォン）には素直に驚いた。電話とＳＭＳ程度の使い道しかなかったアメリカの携帯電話とは雲泥の差だったからだ。見た目も洗練されており、さすが日本製品だと感心させられた。

家電製品を買い揃えるために出向いた量販店の品揃えが、アメリカとずいぶん違っていたのにも驚いた。二〇〇〇年代後半のアメリカでは、流行の携帯電話や薄型テレビはサムスンが主役だった。ベストバイ（アメリカの家電量販チェーン）のテレビ売り場の一番目立つ場所には、ソニーやシャープではなく、サムスンが並んでいた。実際に私の携帯電話はサムスン製だったし、当時まだ高額だった五〇インチの液晶テレビを買ったアメリカ人の部下は、「サムスンなんだよ」と私に自慢した。

ところが、秋葉原の量販店の店頭は日本ブランドが占拠し、そこだけを見れば、日本の電機メーカーはまだ世界を制しているかのようだった。日米の店頭の違いは、すでに内弁慶になっていた日本の電機業界の姿を象徴していた。

驚きは雇用の現場にもあった。取引先との会議や会食の場で、一〇年前の日本ではあり得ない言葉を耳にする機会が増えていたのだ。

「私も、いつクビになってもおかしくありませんから……」

そう口にする人たちは、たいてい苦笑いを浮かべながら、どこか諦めの空気を醸し出していた。彼らの多くは大手電機メーカーのベテラン社員で、ひと昔前ならば定年を目前に悠々自適だったはずのエリートたちだ。ところが、私が日本を離れている間に、電機業界ではリストラが珍しくなくなり、誰にとっても他人事ではない出来事に変わっていた。

さらに驚いたのは、当事者の危機感だけでなく、社会全体もリストラを容認する空気に変化していたことだった。この年のリーマンショックを受け、ソニーは社員一万六〇〇〇人の削減を発表したのだが、「日本経済新聞」は社説で今の逆風を乗り切るには他の大手電機メーカーも他人事ではないとし、同社のリストラを肯定的に捉えていた。[*1] ＴＤＫが五〇〇人の管理職に自宅待機を命じる案を発表した時には、少なからぬ批判があったのだが、一五年ほどでマスコミの姿勢も一変していた。雇用調整に躊躇していてはグローバル競争で生き残れない、という認識が社会全体に広がっているようだった。

私がアメリカにいる間に、日本の製造業の雇用形態も大きく変わっていた。小泉政権下で行われた労働者派遣法の改定（二〇〇三年）によって、それまでは専門職に限られていた労働者の派遣が製造業にも解禁されたのだ。その背後に、人材派遣業や製造業から政府に強い要請があったのは言うまでもない。

二〇〇八年にリーマンショックが起こると、案の定、派遣切りが広がった。一方的に契約を解除された非正規社員には、仕事だけでなく住処（すみか）まで失った人もいた。会社に抗議の声を上げても真っ当に向き合ってもらえない彼ら、彼女らの姿は、派遣社員の立場の弱さを可視化していた。

ちなみに、当時の経団連のトップだった御手洗冨士夫（みたらいふじお）氏が会長を務めていたキヤノンでも、子会社の工場で働く請負会社の従業員一一〇〇名の削減が行われた。[*2] 同氏は、「終身雇用のいいところは愛社精神が強く、教育投資が無駄にならないことだ」とその有益性を説き、これを守ると公言していた。[*3] しかし、結果から見れば、氏が愛社精神を求めたのは総合職や事務職の社員で、製造ラインで汗する人たちはその対象ではなかったわけだ。私がアメリカにいる間に、日本の製造業の美点が一つ変質してしまったようだった。

実際に二〇〇〇年代は製造業の劣化が目につくようになった時代だった。広く製造業全般の話だが、その中には電機メーカーも含まれていた。

富士通の社長だった秋草直之(あきくさなおゆき)氏は、「週刊東洋経済」のインタビューで業績の下方修正の責任を問われると、「従業員が働かないからいけない」「従業員に対して(私の)責任はない」と言い放った*4(二〇〇一年)。集団食中毒を起こした雪印乳業の石川哲郎社長は、謝罪会見で記者から問い詰められると、「そんなこと言ったってねえ、私は寝ていないんだよ」と逆ギレした(二〇〇〇年)。一流企業の経営トップが平気で矜持(きょうじ)を欠いた発言をするのは、製造業の劣化の始まりだった。

当時世間で流行っていた「モノづくり」という言葉とは裏腹に、大きな品質問題も相次いで発覚した。三菱自動車はリコール隠しを繰り返し、三洋電機は太陽電池出力表示偽装や、リチウムイオン電池の発火事故を起こした。アメリカではブリヂストンの子会社であるファイアストンのタイヤが連続して死亡事故を起こし、現地のテレビで連日大きく取り上げられた。ワシントンでの公聴会で叩かれ、誤解を生む発言をした日本人社長の姿は、同じ異国で働く者として胸が締め付けられる思いがした。

不適切な会計処理も横行した。名門企業カネボウは巨額の粉飾決算で上場廃止となり、最終的に会社は解散となって、事業のバラ売りの憂き目にあった。三洋電機も関連会社の株価の過大評価を指摘され、経営破綻への歩みを加速させた。後年発覚するのだが、この頃オリンパスでは経営陣が主導してバブル期の巨額損失の先送りを繰り返し、東芝でも複数の事業部門で不正会計が横行していた。

九〇年代に多くの問題が露見したのは金融業界だったが、二〇〇〇年代に入って綻びが目立ち始めたのは製造業だった。それまでの私は、日本の製造業は愚直で生真面目であり、経営者も金融機関などに比べて遵法精神が高いと信じていたのだが、その考えは脆くも崩れ去った。

企業の業績を左右するのが究極的に人であるのは疑いようもない。経営者や、社員の労働の成果が集積されたものが業績となるのだ。経営の神様と言われた松下幸之助氏も、「経営といい、商売といっても、その内容、あり方を左右するものは、人である」[*5]と説いている。

松下氏の言葉の裏を返せば、企業が長期的な業績低迷から抜け出せない理由や、品質不良や粉飾決算などの不祥事が発生する原因は、そこで働く人たちが持てる力を十分に発揮できていない状況にある、ということになる。それは社員に限らず、経営者も含めてだ。

第三章で述べた通り、二〇〇〇年代の電機メーカーはアメリカ流にならい経営改革を進めた。その改革は雇用制度にまで及ぶ。高度成長を支えた日本流の雇用を見直し、アメリカ流の雇用を取り入れようとした。ところが、図3（一一八〜一二二ページ）の通り、業績の低迷は続いている。せっかくの経営改革が社員や経営者のパフォーマンス向上につながっておらず、肝心の業績の改善に結びついていないということだ。

半端の罪とは、どっちつかずに陥っている過ちを言う。具体的には、日本流雇用とアメリカ流雇用の狭間（はざま）で中途半端な状態のまま行き詰まり、そこで働く社員が十分に力を発揮できない環境を放置している罪だ。

早川電機の創業理念

雇用の現場の変化を理解するためには、まず変わる前の状態を知る必要がある。もともとの日本流経営の下での雇用とはどのようなものだったのか、その片鱗（へんりん）がわかる資料を見つけたので、少し長くなるが紹介したい。

その資料とは、一九五六年に発行された早川電機工業（現シャープ）の労働組合の機関紙

「こだま」だ。そこには、当時の組合書記長であった春山丈夫（はるやまたけお）氏の回想録が載っている。まだ敗戦の混乱が残る一九五〇年の経営危機に際し、当時の経営者と社員がどのように対応したのかが記されていた。

戦後の早川電機は、創業者早川徳次氏のもとでラジオの製造販売を行っていた。国内にラジオメーカーが八〇社も乱立する中でも一三％のシェアを持っていたそうだから、健闘していたと言えるだろう。[*6]

創業者の早川徳次氏は一八九三年（明治二六年）に東京で生まれたが、一歳で養子に出され、貧困の中で育った苦労人だった。満足な教育は受けられず、八歳の時には丁稚（でっち）奉公に出されている。奉公先で金属加工の職人となり、のちにシャープペンシルの原型を発明したのは有名な話だ。ところが、一九二三年（大正一二年）の関東大震災で家族とシャープペンシルで築いた財を失う。失意の中、大阪に移り住み、早川電機を立ち上げたのが、のちのシャープの始まりだ。まさに波乱万丈な人生だった。

敗戦から五年後の一九五〇年、日本はドッジ・ライン（GHQの経済顧問ジョゼフ・ドッジ氏が実施した猛烈なインフレ対策）による金融引き締めで、深刻な不景気に陥っていた。多くのラジオメーカーが運転資金欲しさに採算度外視で乱売を始める一方、手形の不渡りを起こす販売店も続出した。一時は八〇社にも及んだラジオメーカーは倒産が相次ぎ、一八社にまで淘汰（とうた）が進む。早川電機も不景気のあおりを受けて資金難に陥り、借入金は一年あまりで五倍に膨らんだ。この資金繰りの悪化に、取引銀行も追加融資を渋り始めた。

　ここで新たな障害が起こる。当時期待が高まっていた民放による新しいラジオ放送は、既存のラジオでは受信できないと報道されたのだ。このニュースで市場では買い控えが起こり、売上が急落した。早川電機の運転資金はみるみる減っていった。

　経営陣は早川徳次氏を中心に打開策を検討するが、なかなか妙案は浮かばない。無理に売上を立てたところで、売掛金の回収が覚束（おぼつか）ないのだ。それほどに、世の中全体が深刻な不況に追い込まれていた。

　ついに早川電機は、社員に対する給与支払いの遅延に追い込まれた。通常の五〇％ほどしか支払えないのだ。それでも会社の手元資金はどんどん目減りし、支払える給与は、五〇％から二五％に減り、やがて一二％ほどになった。

　この時代、世間では労働組合と経営者の対立が先鋭化していた。労働争議が背景にあるのでは、と疑われた下山（しもやま）事件や松川事件が起きたのは、この前年の一九四九年だ。

　ところが、早川電機の労使の関係は、どこか牧歌的だった。支給される給与がどんどん目減りしても、大争議には至らない。やがて支給が三%ほどになると、「ここまで少額になれば、全員に支払っても無意味だ」と組合は考えた。全員分の給与を集めて危機突破資金と名付け、社員の中から特に困窮している者を選び、重点的に支給することにした。社員の中には借金をする先も尽き、その日の食い扶持さえ底をついた者もいたのだ。

この危機突破資金には、たくさんの援助も寄せられた。労働組合の委員長は、自らのへソクリを真っ先に供出した。また、ある日の深夜には、組合の事務所に常務の経澤徳太郎氏がふらりと現れた。

「今さっき、ダットサン（乗用車）を一〇万円で売ってきた。これを危機突破資金の足しにしてくれ」

さらに、社長の早川氏は言うまでもなく、他の役員も私財を擲って社員への給与や運転資金に供出したのだ。

それでも事態は深刻化していく。主要取引銀行三行のうち二行は、追加融資は無理だと断りを入れてきた。残り一行も、追加融資には人員削減が不可欠だと回答をよこす。銀行というものは、今も昔も本当に困った時は冷淡だ。

遂に万策が尽き、社長の自宅で労使の協議が行われた。社員の代表を前にして、早川氏の目から涙が溢れ出た。

「こんなことになって申し訳ない。私は従業員に、会社を辞めてくれと一度も言ったことはない。これをするぐらいなら、会社を閉じたほうがましです」

その憔悴ぶりは尋常ではなかった。

当時の早川電機は、早川氏が経験的に学んだ「五つの蓄積」を社是としていた。信用、資本、奉仕、人材、取引先の五つを大切にせよという教えだ。特に人材に関しては、社員を大切にし、人として成長させることが大切であるとうたっていた。早川氏からすれば、社員を解雇するのは自らの信条に反する許されざる行為だったのだ。

「どうか気を落とさずに堪えてください。我々のできることは何でもやります。どうか社長、会社を倒してはいけません」

社長の苦悩が伝わったのだろう。答えた組合の委員長も涙声だった。

委員長は早川氏のあまりの落胆ぶりに自死の危険さえあると感じ、その夜から組合員を社長宅に寝泊まりさせ、看護と監視にあたらせた。

この労使会談の数日後、経理部長だった佐伯旭氏が銀行と組合だけの三者会談の場を用意する。佐伯氏は二代目の社長となる人物で、経営危機の中、銀行との交渉に奔走していた。おそらく人員削減をよしとしない社長を説得するため、先に銀行と組合の間で雇用調整を合意させ、外堀を埋めようとしたのだろう。早川徳次氏は銀行との交渉の中でも「（社員の）整理をやるくらいなら、会社を閉めます」とまで言っていたのだ。[7]

佐伯氏の思惑通り、組合委員長は銀行に対し、「会社存続のためなら組合としても希望退職に協力する」と申し出た。さらに、全経営陣が負債に対する個人保証と、持ち株の担保提供に応じた。これで銀行の追加融資の条件がようやく整った。

早川電機はギリギリのところで生き残ったが、その代償として三分の一の社員が解雇された。早川氏にとっては、断腸の思いだったに違いない。

この時代に経営危機に陥ったのは、早川電機だけではない。親交のあった松下幸之助氏が早川氏に漏らしたそうだ。

「もう首吊りをせにゃならん覚悟だ」[8]

当時の経営者たちは、そこまで追い込まれていた。

この回想録から見えてくるのは、極めて家族主義的な組織だ。経営者は社員をまるで家族のように捉え、扶養の義務を果たそうとする。その責任は、命を懸けるに値するほど重い。一般社員（組合）も経営者を親のように労り、恵まれない部下は弟や妹のように、庇護（ご）すべき対象とみなす。企業自体が、社長を家長とした大きな家族のようだったのだ。

当時の日本企業における強い絆（きずな）の背景には、敗戦による社会不安もあったのだろう。国家の信頼が失われ、行政サービスも不十分な中で、企業が生活共同体の機能を担う必要に迫られたと考えられる。経済の語源は経世済民だ。すなわち、経済とは、世の中を治め、人々を救済することだ。当時の経営者は、まさに経世済民を実践していたのである。

日本流経営の黄金時代

この早川電機のエピソードは極端な例かもしれないが、日本企業の家族的な雇用は高度成長期を通して続いてゆく。それを支えたのが、学校を出たばかりの若者を一括採用し、定年までの雇用と一定の昇給・昇進を保障する終身雇用と年功序列の制度だ。少数のエリートを育てるよりも、組織の総力を上げるのに重点を置いた日本特有のやり方だった。

終身雇用と年功序列は企業の将来と社員の人生を一蓮托生（いちれんたくしょう）にし、企業の繁栄が個人の成功に直結する仕組みを作り上げた。企業が最高益を上げようとも、思うように給与が上がらない昨今の雇用環境とはずいぶんと違う。これらの制度によって社員が生み出す力は自然と強まり、多くの日本企業が奇跡的な高度成長を実現させた。

時代にも恵まれていた。昭和の時代は技術革新のスピードが今よりも緩やかだった。一つの事業の息は長く、頻繁に取捨選択する必要もなかった。製品開発や人材育成に、じっくりと腰を据えて取り組める環境にあったと言える。

また、当時は株主を最優先とする考え方も乏しく、株価を意識した経営戦略を迫られる局面も少なかった。経営者の目は株主より銀行に向いており、長期的な戦略を受け入れてもらえる土壌にあった。新自由主義は、まだ日本には上陸していなかったのだ。

しかし、家族的な経営のすべてが社員にとって好ましかったわけでもない。多くの日本企業は安定した雇用と、一定の昇給・昇進を保障する代わりに、社員に対価を求めた。それは、家族への忠誠だった。つまり、会社の命令には黙って従うことを求めたのだ。社員は自らの職務や勤務地を選ぶ権利を放棄し、黙々と長時間労働に励む必要があった。

この会社と社員の交換条件は、昭和の日本ではうまく機能した。多くの労働者が会社の成長に少しでも貢献しようと、海外から仕事中毒だと揶揄されるほど働いた。その結果会社の業績が上向けば、彼ら、彼女らは収入増や昇進で報われたのだ。

実際に社会学者エズラ・F・ヴォーゲル氏は、『ジャパンアズナンバーワン』の中で日本企業の特徴を次のように述べている。

「日本の労働者が企業に対して忠誠心をもち、仕事に大きな誇りをもっていることが、安くてしかも良質の製品を生み出す源泉となっているのであろう」と。

今風に言い換えれば、エンゲージメントの高い組織が、良質な製品を生み出す源泉になっていたということだ。

エンゲージメントとは、会社や組織への信頼度合と、そこに自らの仕事で貢献したいと望む熱量を表現したものだ。エンゲージメントが高いとは、組織に愛着を持って、そこに貢献しようと前向きに仕事に取り組む精神状態を言う。ヴォーゲル氏が強調した昭和の日本企業の強みは、エンゲージメントの高い社員の多さだと言っているに等しかった。

昭和の日本企業では、経営者は自らの雇用責任を強く自覚し、家族的な雇用体制で社員の愛社精神や労働意欲を掻き立てた。そして、その結果生まれたエンゲージメントの高い社員の集団が、奇跡的な高度成長を実現したのだ。これこそが、日本流雇用の最大の特徴だった。

日本流雇用とアメリカ流雇用

日本の雇用の問題点を考える上で、もう一つ理解しておくべきは、アメリカの雇用の実態だろう。グローバルスタンダードの名の下に、日本企業が二〇〇〇年頃から導入し始めたアメリカ流経営が、日本の雇用にどのような影響を与えたのかを知るには、本場の雇用制度の理解が欠かせない。

ひと言で言えば、アメリカ流雇用は昭和の日本流雇用の対極にある。アメリカの組織に家族主義的な要素はほとんどなく、競争原理と成果主義にどっぷりと浸かっている。年功序列や終身雇用は存在せず、昇給・昇進は実力次第で、一つの会社で生涯勤め上げる社員など聞いたことがない。リストラも日常的で、組織に貢献できない社員は淘汰されても仕方がないとみなされている。まさしく弱肉強食の世界だ。

私が解雇を初めて目の当たりにしたのは、まだアメリカに転勤して一ヵ月ほどしか経っていない頃だった。赴任先の現地法人は、前期にCD-R事業で大きな赤字を出し、リストラが不可欠な状況だった。そのため、ある金曜日の午後に大規模な人員削減策が発表された。突然の発表にもかかわらず、対象者にはただちに解雇が通告された。

その日の夕方、ほとんどの社員が帰宅した薄暗いオフィスの隅で、五、六人の女性が輪になっていた。着任して日が浅い私は、彼女たちの名前も所属もわからない。近づくと、何人かが人目を憚(はばか)らず泣いていた。周りの人たちが一生懸命慰めている。オフィスという合理的なはずの空間で剝き出しの感情に直面した私は、思わず目を伏せて、彼女たちのわきを足早に通り抜けた。

彼女たちの目に私がどのように映るのかは、容易に想像できた。「経費を削りたいなら、まずカネのかかる日本人出向者を減らせよ」と思うのが人情だ。新参者の私は、よほどの成果を残さない限り現地の人たちに認めてもらえないだろうと覚悟した。こうして、初めて目の当たりにしたリストラは、対象となった社員の人生を大きく変えるだけでなく、組織に残る社員にも強い緊張感を与えるという事実を教えてくれた。

ちなみに、アメリカにおける解雇は業績の悪化だけが理由ではない。たとえ企業業績がよくても、事業の再編やM&Aがあれば雇用調整が起こり得る。ジャック・ウェルチ氏が平時の解雇に先鞭をつけたのは、第三章に述べた通りだ。あるいは、個人の能力が担当する役職・職務に見合っていなければ、それも解雇の理由になる。アメリカ流雇用の冷徹な一面だろう。

企業への入り口と出口も日本とはずいぶん違う。日本の大企業のように、新卒者を大量に一括採用し、新入社員研修を施し、会社が個々の適性を見て配属先を決めるというシステムは存在しない。募集の段階で職務を明示し、その職務への希望者、経験者を求人する。

例えば、マーケティング・リサーチ部門のアナリストや、経理部門のマネージャーなど、職務や役職を明確にして募集する、いわゆるジョブ型雇用だ。組織で何をするのかは、会社ではなく自分で決めるのがアメリカ流なのだ。

定年退職という制度も存在しない。いつリタイヤするかを決めるのも、あくまで個人に委ねられている。もちろん役職定年といったものもない。本人と会社の意向が一致すれば、何歳になっても働くことができる。組織で何をするのか、いつまで仕事を続けるのかは、会社ではなく自分で決めるべきものと考えられている。

キャリアアップのための転職も多い。アメリカでの平均勤続年数は四・二年に過ぎず、単純計算では生涯で一〇回ほどの転職を繰り返していることになる。[*9]

雇用の流動性が高いと、企業は必要な人材をつなぎ止める努力が必要になる。幹部クラスであれば、ストックオプション（自社株購入権）やリテンション・ボーナスなど、さまざまなインセンティブが用意される。ちなみに、リテンション・ボーナスとは、一年先、二年先にその会社で働き続けていれば、成果に関係なく支払われる特別なボーナスだ。日本人の感覚からすればずいぶん安易に思えるが、優秀な人材の確保がそれほど大変だということだ。

幹部社員だけでなく、一般社員であっても、「給与が上がらないなら転職を考える」とほのめかして、上司にプレッシャーをかけるのは珍しい話ではない。役職の高低にかかわらず、その部署に必要な人材であれば、会社も多少なりとも処遇を見直さざるを得ないし、逆に必要な人材でなければ放置され、下手をすれば次回のリストラの有力候補になる。アメリカ企業では、社員の階層に関係なく能力が昇給・昇進に直結しやすい仕組みができ上がっているのだ。

アメリカ流雇用にならざるを得ない？

競争原理が徹底している結果、社員は二通りに分かれていく。強い上昇志向を持って仕事に心血を注ぐ層と、ワーク・ライフ・バランスを重視し、ある程度の熱量で仕事に取り組む層だ。もし、アメリカ人は働かないと思っているのであれば、それは大きな間違いだ。上昇志向の強い層は寝食を忘れて働く。

「私は若くしてキャリアを確立するために、髪の毛、最初の結婚、そしてほぼ間違いなく20代を犠牲にした。そしてそれだけの価値はあった」[*10]

これは、ニューヨーク大学の教授で、九つの会社を起業したスコット・ギャロウェイ氏が若かりし頃を振り返った言葉だ。彼は極端な例かもしれないが、猛烈に働く人たちが一定数いるのも、アメリカ企業の特色の一つなのだ。

一般社員と同様に、アメリカでは経営者を取り巻く環境も決して甘いものではない。

私がＴＤＫから外資系企業に移籍して知ったのが、アメリカ企業における取締役会の強さだ。怖いものなしに思えたＣＥＯが常に取締役会を意識し、その警戒心は私のような海外拠点のマネージメントクラスにまで伝播してきた。例えば三ヵ月に一度行われる取締役会でＣＥＯが約束した経営目標値は、超過達成することを強く求められた。取締役会はＣＥＯをクビにする権限を持っているのだから、彼ら、彼女らが恐れるのは無理もないのだ。

アメリカでは、経営者は投資家（株主）から経営を委託されているという考えが徹底している。会社はあくまで投資家のものであり、ＣＥＯのものではない。よって、取締役会の重要な役割は、事業を任せた経営者（執行役）が、投資家にとって有益な経営を行っているかどうか監督することだ。そのメンバーは社外取締役が過半数を占め、経営者の選任権、報酬決定権、罷免権が与えられている。私が勤めたイメーションも、七名の取締役のうち議長であるＣＥＯを除くと、残る全員が社外の人材だった。要するに、社外取締役が経営者の生殺与奪の権利を握っていたのだ。

実際に、CEOの解雇は珍しい話ではない。二〇一九年のCNNのレポートによると、アメリカの株式市場を包括する代表的な株価指標ラッセル3000指数に入る企業で、過去二年間に辞任したCEOのうち五二%は自ら辞任したのではなく、取締役会から引導を渡された可能性が高いそうだ。[*11] 企業はCEOの本当の退職理由を公表しないので、CNNの数字には推定が含まれるが、それでもアメリカの経営者がいかに厳しいふるいにかけられているかはわかってもらえるだろう。現に私がイメーションに勤務した八年間でも、二人のCEOが辞任に追いやられている。アメリカ企業の経営者は一般社員よりも厳しく監督され、置かれている立場も決して盤石ではないと言える。ただ、その分報酬がべらぼうに高いことは付け加えておく必要があるが……。

このように、アメリカ流雇用の現場ではCEOから一般社員に至るまで、その働きぶりを厳しく監督し、審判する仕組みができ上がっている。その厳しさは、給与の高さと比例しているのが一般的だ。給与が高い人ほど企業が期待するハードルは高く、飛び越えられずに退場を命じられるリスクも大きくなる。

一方で個人の独立性は高く、企業で何をするのかを選ぶのは個々人であり、待遇の交渉も自ら行える余地がある。日本流雇用と比べると、まるで高校野球とプロ野球のような違いがある。同じ野球とはいえ、選手の扱い方はずいぶん違う。

最後に強調しておきたいのが、競争原理を導入する上で不可欠となる公平性だ。人々に厳しい競争を強いるからには、公平な競争環境を作ることが不可欠になる。さもないと、組織に対する不満が膨らむだけだ。

アメリカは多様な民族で構成されている国家なので、公平性を担保することに重きを置いている。一九六四年に制定された新公民権法は、人種・性別・年齢による差別を固く禁じていて、言うまでもなく雇用の場でも適用される。人種・性別・年齢が、採用の可否や、入社後の人事評価に影響を及ぼすことは許されない。履歴書に写真は必要なく、年齢を書くこともない。この法律がアメリカ企業のダイバーシティ（多様性）の拡大に貢献しているのは間違いない。

実際にアメリカ企業はダイバーシティが高く、多くの移民や移民二世が活躍している。著名な経営層だけを見ても、スティーブ・ジョブズ氏の実父はシリアからの移民、グーグルの創業者のひとりであるセルゲイ・ブリン氏はロシアで生まれ、同社のCEOであるサンダー・ピチャイ氏はインド、テスラのCEOイーロン・マスク氏は南アフリカ生まれだ。

もともと移民国家だとはいえ、今日でも優秀な人材が世界から集まる理由の一つは、アメリカには移民やその子孫にも平等にチャンスがあると思われているからだろう。

もちろん現実には差別が撲滅されているわけではない。アメリカでも五〇歳を超えれば転職は難しくなるし、アフリカ系アメリカ人や女性が、いわゆるガラスの天井に苦しめられる例は枚挙にいとまがない。アメリカ企業の売上規模トップ五〇〇社を示すフォーチュン500の中で、アフリカ系アメリカ人CEOが率いる企業は四社しかなく、[*12]アメリカ全体で女性の管理職の比率は、四〇%にも届いていないのが実情だ（二〇一八年ILO）。

機会の均等は重視されているが、結果の不平等への手当が薄いという問題もある。キャリアの成否は個人の力だけでは決まらない。環境や運にも恵まれなければ成功は難しい。ところが、アメリカでは富の再分配が不十分で、敗者に対する支援が薄い。結果的に格差が拡大し、大きな社会問題になっている。さらに、農業や建設の現場を支えているのが不法移民だという現実も、格差に拍車をかけていると言えるだろう。

このように、公平性を重んじるアメリカの雇用も、さまざまな問題を抱えていることは否めない。それでも目指すべきゴールを規定し、右往左往しながらも前進してゆくのがアメリカの美点であり、強みなのだろう。その歩みは決して速くはないが、前に進み続けているようには見える。

昨今のアメリカ企業の力強さを見れば、自由経済体制下での雇用の成功モデルは、アメリカ流だと認めざるを得ない。さまざまな問題を抱えているとはいえ、実力主義と公平性を同時に追求する仕組みが、比較的うまく機能しているのだろう。

日本流雇用の課題――経営者問題

ここまで、戦後の高度成長を支えた日本流雇用の姿と、九〇年代以降に日本企業が参考としたアメリカ流雇用の実態を見てきた。本質的には、かつての日本流雇用は家族主義的な扱いで社員のエンゲージメントを高める仕組みであり、アメリカ流雇用は公平性を重視した上で、競争原理を積極的に取り入れた仕組みだった。

では、令和を迎えた日本企業の雇用の実態はどうなっていて、いかなる問題を抱えているのか、一つひとつ探っていきたい。

まず初めに指摘したい最も大きな問題は、雇用における公平性の欠落だ。日本流雇用を見直す中で、同じ企業で働いていても、既得権を持つ者と持たざる者の二層化が顕著になり、両者の待遇に大きな差が生じたまま放置されている問題だ。

企業の中で最も立場の強い既得権者は、経営者だろう。社内では絶対的な権限を持っている。社長ともなれば、一般社員からは怖いものなしの存在に見えるものだ。それを助長するように、日本企業における経営者への監督体制はアメリカ企業に比べて脆弱(ぜいじゃく)だ。海外投資家からの企業統治を強化すべきという声を受け、会社法の改正なども実施されたが、それでもまだ十分だとは言えない。

社長といえども、何でもかんでも自分で決めてよいはずはない。経営者も厳しい目で評価され、その結果次第では責任を取る必要があるのは当然だ。組織のトップに無謬性(むびゅうせい)を期待するのは、愚かで危険だ。企業統治を強化するのは投資家のためだけでなく、社員のためにもなる。

現在、日本における企業統治には、三つの選択肢がある。「監査役会設置会社」「指名委員会等設置会社」「監査等委員会設置会社」だ。間違い探しのような名称に、ネーミングセンスのなさを感じるが、役所が決めたのだろうから仕方がない。

簡単に説明をすれば、「監査役会設置会社」は、監査役会が経営を監督する会社だ。昭和から続く手法だが、監査役には取締役会での議決権がないという大きな欠点を抱えている。取締役会は経営上の重要な決定を行う意思決定機能であると同時に、経営を監督する機能をも担う。その肝心の取締役会で議決権を持たずに、果たして監査役が経営者の監督を適切に行えるのかは、甚だ疑問だ。「監査役会設置会社」は、時代の要請に合わなくなっていると言っても過言ではない。

「指名委員会等設置会社」は、アメリカの制度に最も近い。企業は経営者の指名、監査、報酬の三つの委員会を取締役会に設けるだけでなく、それぞれの委員会を構成する過半数を社外取締役に任せる必要がある。内輪ではなく、外部の目が自ら選任した経営者を監督し、妥当な報酬を定め、必要に応じて罷免できる仕組みだ。

三番目の「監査等委員会設置会社」は前者二つの折衷で、取締役会に監査委員会を設けるが、指名と報酬の委員会は設置しない。言い換えれば、経営者の監督はするが、指名と報酬という重要な項目の決定には、社外取締役が関与しづらい制度だ。

この中で最もアメリカ流に近い「指名委員会等設置会社」を取り入れている企業は、東証一部上場企業のたった三%（七一社）に過ぎない[*13]（二〇二二年一月時点）。その理由は、自分自身の出処進退、役員の報酬、後継者の指名などの重大な権利を、社長自身が手放したくないからなのだろう。組織の中で最強の既得権者からすれば、自らが持つ権利を放棄するのは耐え難いのかもしれない。

しかし、世の中のすべての経営トップが職務に見合った能力を有していると考えるのは楽観的に過ぎる。中には業績悪化の元凶になっている経営者さえいるだろう。アメリカでは相当数のＣＥＯが解任されているのは、先に述べた通りだ。現実的には日本の経営者の中にも、相当数の不適任な人材が紛れ込んでいると考えるべきだろう。

にもかかわらず、日本では経営者を厳しく監督する企業統治方法を選んだ企業は、東証一部上場企業のたった三％に過ぎないのだ。これでは経営者は過剰に守られていると言わざるを得ない。経営者が持つ権限の大きさや、責任の重さ、報酬の高さを考えれば、社員に対する監督に比較して経営者に対する監督は緩く、公平性を欠いているのは明白だ。

日本流雇用の課題――正規・非正規

大手企業で働く男性の正社員も、多くの恩恵を受ける既得権者だと言える。必ずしも当事者が画策したわけではないが、相対的に優遇されているのは否めない。

家族主義的な日本流雇用が弱体化し、誰もがリストラの対象になり得る時代になったとはいえ、今も終身雇用はある程度機能している。ＴＤＫ時代の私の同期もすでに五〇代半ばを過ぎているが、おそらく半数以上は同社や関連会社に在籍しているだろう。新卒男子の場合は、変わってきたとはいえ、雇用が保障される確率が高いのだ。

さらに、賞与や退職金といった給与面、あるいは福利厚生でも正社員が優遇されているのは説明するまでもないだろう。加えて、男性は性別によるハンディキャップもない。大手企業で働く男性の正社員は、相対的に恵まれた環境にあるのは間違いない。

一方でその陰で割を食っている人たちがいるのは周知の事実だ。非正規雇用の社員は雇用の保障がないだけでなく、ボーナスや福利厚生も乏しい。正社員との差は歴然としている。

きっかけに小泉政権下での労働者派遣法の改定（二〇〇三年）があったのは、先に述べた通りだ。その影響は顕著で、改定前には四六万人だった派遣労働者は、五年後の二〇〇八年には一四五万人まで急増している[*14]（図4参照）。法改定で非正規雇用が解禁となった大手メーカーが、一気に増やしたのは明らかだった。

ところが、リーマンショックをきっかけに、二〇一二年に派遣労働者は九〇万人まで激減する。ピーク時から五五万もの人が職を失ったのだ。業績の悪化に直面した製造業が非正規社員を緩衝材のように扱い、それによって正社員に対する衝撃を緩和させていたのだ。

その後の景気の回復に合わせて企業は再び非正規社員を増やしている。二〇一九年には、非正規比率は全労働者の三八％にまで及んだ[*15]。再び製造業を直撃する不景気が訪れたら、

図4　派遣労働者数推移

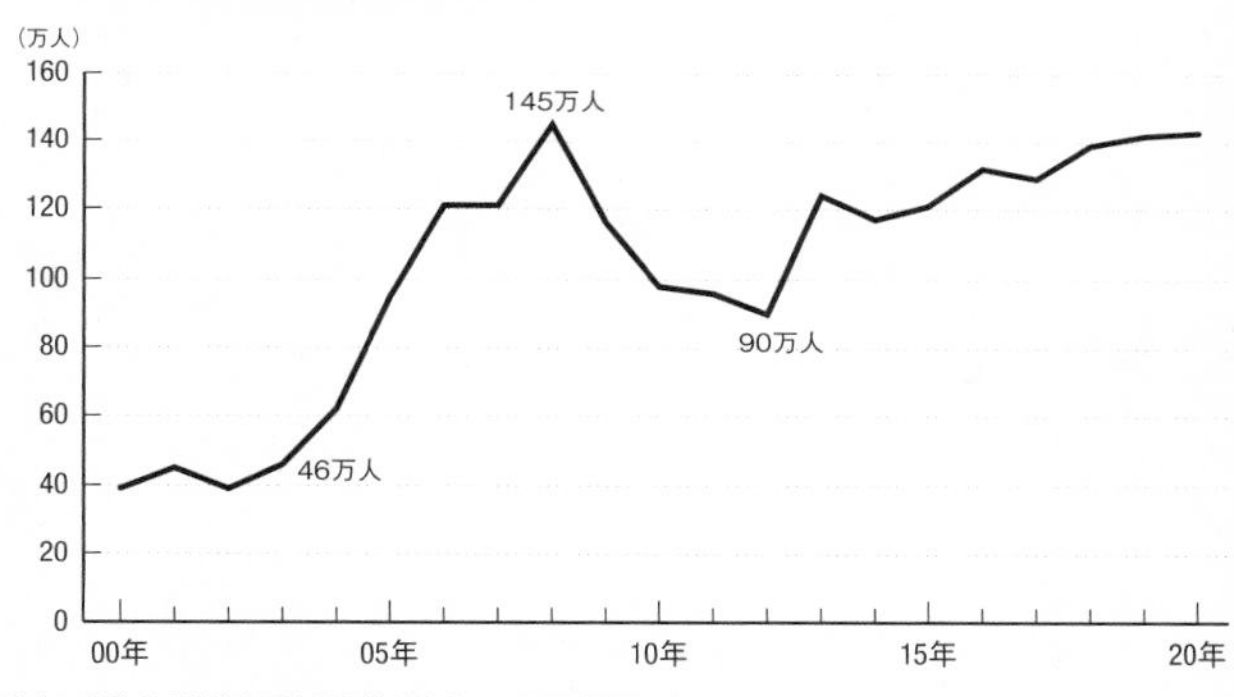

出典　総務省「労働力調査詳細集計」(1～3月四半期平均)

非正規社員がコスト削減の調整機能を担わされるのは間違いない。

ただ、非正規社員に比べ優遇されている男性の正社員も、恩恵だけを享受しているわけではない。安定した雇用の代償として、職務や勤務地の選択の自由が奪われ、長時間労働に耐えることが求められているのは高度成長期と変わらない。当時と違い、終身雇用が完全に保障されているわけではないのに、日本流雇用が機能していた時代の代償をいまだに一〇〇％支払い続けているのだ。

このように、バブル崩壊からの長引く業績悪化の中で、日本の組織では既得権者と非既得権者の二分化が進んだ。ピラミッドの上層にいる既得権者が、下層の非既得権者によって守られる極めて歪(いびつ)な構造と言ってよい。アメリカ流雇用を参考にしたにもかかわらず、肝心の公平性を重んじる点は、まったく取り入れられなかった。これが一つ目の問題だ。

日本流雇用の課題――ダイバーシティ

次に指摘すべき問題は、ダイバーシティの遅れだ。これは、戦後から一貫して日本企業が放置してきた問題だと言える。長きにわたり改善が叫ばれてきたが、遅々として進まなかったテーマである。

イメーションに勤めていた時は、よくアメリカの本社から出張者がやって来た。彼ら、彼女らは、決まって主要な日本人スタッフとの意見交換の場を求める。そんないつもの会議のあとに、ひとりの出張者が冷ややかな笑みを浮かべながら私に言った。

「出席者が全員男だったなあ。あんなの、日本と韓国だけだよ」

その指摘に、私は自身のダイバーシティに対する意識の低さを暴かれた気がして、言葉に詰まってしまった。あくまで必要なメンバーを会議に招集したつもりだったが、それが全員男性という不自然さに、私は何の違和感も覚えていなかった。図らずも、日本法人の日常を象徴していた。私自身、アメリカで九年も働いていながらの体たらくぶりだった。

実際に企業における女性の登用は、思うように進んでいない。二〇〇三年に小泉政権が掲げた目標、「二〇二〇年までに女性管理職比率を三〇%まで引き上げる」は大きく遅れ、二〇一九年に至っても一四%台に留まっている（ILO）。世界ランクでは、ルワンダに続く一六七位だ。

世界経済フォーラムが発表した二〇二〇年のジェンダー・ギャップ指数を見ても、日本は一五三ヵ国中一二一位という有り様だ。安倍政権が推進した「すべての女性が輝く社会づくり」も、言葉だけが上滑りしていて、今となっては赤面するより他ない。

外国人の登用も日本企業は遅れている。楽天やファーストリテイリング（ユニクロ）のように、社内の公用語を英語に変え、外国人を積極的に採用しようとする動きはある。TDKのように、執行役員の半数以上が外国人という企業も現れ始めた（一九人中、一〇人）。しかし、これらは例外的で、大手電機メーカーでも外国籍の執行役員は、せいぜい数人に留まる。中には、いまだにゼロという企業さえある。比較的先を行く日立製作所が、役員層に占める女性と外国人の比率をそれぞれ三〇%にまで高める目標を発表したが、達成目標は二〇三〇年だ。[*16]おそらく今の社長は引退しており、未達成となってもその責任を問われることはないだろう。

日本企業で外国人の登用が遅れている要因の一つに、言葉の問題や、文化の問題があると思われる。取締役会や経営会議がいきなり英語に変われば、仕事に差し障りが出てくる人も少なくないはずだ。私自身も英語では苦労したので、その大変さはよくわかる。あるいは、日本独特の阿吽の呼吸が通じない外国人を敬遠している部分があるのかもしれない。いずれにせよ、マイナス面にだけ目を向け、グローバルから優秀な人材を登用する大きなメリットに目を瞑っているのが、多くの日本企業の実態なのだろう。

このように、女性や外国人の登用が遅れ、ダイバーシティが進んでいないことは、日本の組織の大きな問題だ。このままでは、日本企業は同じような経歴（新卒一括採用）で、同じような嗜好（ゴルフ、酒）の日本人男性の集団から、いつまで経っても脱却できない。

ちなみに、ダイバーシティを高める必要があるのは、ポリティカル・コレクトネスだけが理由ではない。民間企業としてより強く認識する必要があるのは、ダイバーシティには業績を改善する力があるということだ。

ハーバード大学のポール・ゴンパース氏とシルパ・コバリ氏の論文によると、ダイバーシティは明らかに収益に貢献するそうだ。ベンチャーキャピタルを実例に調べたところ、均質なチーム（民族、性別、出身校などが同じ）が行った企業買収や新規株式公開の成功率は、そうではないチームに比べ二六％も低かったそうだ。[*17] 均質な集団は重要な意思決定に際し、多様な検討が難しいことが成功率を低下させる結果になったと分析された。

実際に好業績に沸くアメリカ企業は、日本企業よりダイバーシティが進んでいるのは間違いない。女性や外国人の登用の遅れが成長の足かせになっている可能性が高い、と日本の経営者は危機感を持つべきなのだ。

日本流雇用の課題——賃上げ

雇用にまつわる問題で、最後に指摘したい問題が賃上げだ。日本では基本給の上昇（ベースアップ）が低迷して久しい。全労連の資料によれば、実質賃金（物価の変動を考慮した賃金）は年々減少を続けており、一九九七年を一〇〇とすると、二〇一六年の実績は九〇を切っている。[*18]

ベースアップの抑制は、多方面で大きな問題を起こしている。マクロで見た場合、ベースアップが不十分ならば個人消費は伸びない。買いたいものがあっても、安定的に給料が増える見込みがなければ躊躇するのは当たり前だ。たとえ強引な金融政策で一時的に企業業績が改善しても、個人消費が拡大しなければＧＤＰの本格的な拡大など期待できるはずもない。アベノミクスが途中で息切れしたのは、その証（あかし）だろう。

　さらに、ベースアップの抑制は、日本政府や日銀が目の敵にするデフレにもつながっている。収入が増えず、将来の生活に不安を覚えれば消費者は節約志向になる。誰もが低価格な製品やサービスに流れるのは仕方がない。そのような市場では、企業は客離れを恐れ、値上げを行う勇気を失う。

　実際に私は製品コストの上昇により、光ディスクの価格を一割以上引き上げた経験がある。値上げ前に二〇％を超えていた市場シェアはあっという間に半減し、数年間の努力が数ヵ月で水の泡となった。値上げなど二度とやるまい、と心に誓ったのは言うまでもない。

　一方ミクロの視点では、一向に進まない賃上げが、社員の労働意欲に悪影響を及ぼしている現実が見えてくる。給与は労働の対価であり、働きぶりへの評価の意味を持つ。いつまで経っても賃金が上がらなければ、社員は自らの働きに対する評価を実感できない。「頑張ったところで給料は上がらないし……」とやる気を失っても仕方がない。一向に進まない賃上げが、マクロ、ミクロ双方で大きな弊害を生んでいるのは明らかなのだ。

　とはいえ、日本企業にとってこの状況を打開するのが簡単ではないのも、また事実だ。

　経営者にとって自社を安定的に成長させるのは、社員を含めたすべてのステークホルダーの要請であり、最も重要な責務になる。その役目を安定的に果たそうとすれば、固定費の最たるものである人件費の増加など簡単には受け入れられない。安易に増やせば、バブル崩壊後に経験したように、少しの逆風でも赤字に陥る事業体質となり、業績が悪化するたびに雇用調整を迫られかねない。経営者にとって、絶対に避けるべき事態なのだ。

このように賃上げが進まない問題を労使双方の立場から見れば、「企業は利益を貯め込んでばかり」と非難するだけでは解決は難しいのがわかる。おそらく雇用の構造的な部分に手を付けない限り、この問題は解消しないのだろう。そのための具体的な方策については、第六章で私案を提示したいと思う。

日本流雇用の課題――エンゲージメント

ここまで、日本の雇用が抱える問題として、公平性の欠落、ダイバーシティの遅れ、ベースアップの抑制の三つを取り上げた。それぞれの問題は個々に深刻であり、解決が必要なのだが、より深刻なのは、これらの三つの問題が最終的に一つの大きな変化に結びついていると思われることだ。その変化とは、日本人労働者のエンゲージメントの低下だ。『ジャパンアズナンバーワン』で称賛された高いエンゲージメントが、いつの間にか大き

図5　エンゲージメント調査結果　Gallup社（2017）

	A	B	C
世界平均	15%	67%	18%
日本	6%	71%	23%
アメリカ	33%	51%	16%
韓国	7%	67%	26%

A…職務に熱心で、業績の達成や改革に主体的に取り組む社員の比率

B…組織や職務に消極的で、仕事に情熱を持てないでいる社員の比率

C…組織や職務に強い不満を抱え、潜在的に周囲に害悪を与える社員の比率

出典　State of the Global Workplace by GALLUP

く低下していたのである。

各種の調査によれば、国際的に見て日本人のエンゲージメントは総じて低い。図5と図6は各国のエンゲージメントをアンケート調査した結果だが、いずれも日本人の数値は世界の平均値を大きく下回っている。

図5はGallup社の調査だが、エンゲージメントの高いAに分類される社員の比率は、世界平均の一五％に対し、日本は六％に留まる。[*19] 思いのほか少ない。極端な回答を嫌う日本人の習性が影響している可能性もあるが、そうであるならば、問題のある社員の比率であるCが世界平均よりも高くなるのは腑に落ちない。調査結果に一定の信頼性はあると考えるべきだろう。

一方で、リストラが日常的に行われ、転職の機会も多いアメリカで、エンゲージメントの高い社員の比率が高いのも興味深い。先に述べた社員の二層化が数値

図6　エンゲージメント調査結果　KeneXa社（2013）

	EEIスコア	順位
調査14ヵ国平均	56%	−
インド	74%	1位
アメリカ	64%	3位
中国	54%	9位
日本	36%	14位

EEIスコア：社員の組織への誇りや忠誠心を測定する指標

調査対象国	インド、ロシア、アメリカ、中国、カナダ、ドイツ、ブラジル、イギリス、フランス、UAE、サウジアラビア、スペイン、イタリア、日本

出典　KeneXa High performance institute

化されているようだ。また、日本の調査結果が韓国と似通っているのも特徴的だ。両国のダイバーシティの遅れが影響しているのかもしれない。

図6の調査は少し古いが、ＫｅｎｅＸａ社により導かれたエンゲージメントの指標（ＥＥＩ＝Employee Engagement Index）を、一四ヵ国で比較したものだ。[*20] ＥＥＩとは、組織に属することへの誇りや、組織に対する満足度、定着する意志を指標化したものだ。この調査においては、日本人のエンゲージメント指数は一四ヵ国の中で最下位となっている。この調査でも、アメリカのエンゲージメントは相対的に高く出ている。

ちなみに、この二つの調査だけでなく、他の似たような調査を見ても、日本のエンゲージメントは総じて低くなっている。日本企業における社員のエンゲージメントの低さは否定しようがない。

そもそも非正規社員にエンゲージメントを高く保てと言うのには、無理がある。業績が低迷すればコスト削減に利用される彼ら、彼女らに、正社員と同等の忠誠心を求めるのは虫がよすぎるというものだ。同じことは、ダイバーシティの遅れでいまだにさまざまなハンディキャップを背負わされている女性社員にも当てはまるだろう。公平さを欠いた扱いをする組織に対し、非既得権者のエンゲージメントが高まらないのは無理もない。

既得権者である正社員の男性でさえ、二〇〇〇年代に入ってからはエンゲージメントを高く維持するのは難しくなっている。日本へ帰任した直後の私が驚いたように、大手電機メーカーでもリストラが他人事（ひとごと）ではなくなっただけでなく、組織に留まれたとしても、なかなか給料は上がらず、昇進も昭和のようにはスムーズにいかない。正社員（男性）は比較的恵まれた立場にいるとはいえ、会社への愛着や、組織に貢献しようとする気持ちが薄れていても仕方がなかった。

エンゲージメントの低下に関しては、私自身にも苦い記憶がある。

本書で繰り返し述べてきたＴＤＫの記録メディア事業の迷走が深まったのは、二〇〇〇年代に入ってからだった。それは、第一段階のデジタル化で台湾企業が台頭したことだけが原因ではない。ＮＡＮＤ型フラッシュを使ったＵＳＢドライブや、ＳＤカードなどが登場し、記録メディア製品の多様化が進んだ影響も大きかった。

さらに、ユーザーの録音・録画のスタイルに変化が起き始めた影響もあった。音楽の録音にはｉＰｏｄやＭＰ３プレイヤーが、テレビ番組の録画にはＤＶＤレコーダーやＴｉＶｏ（アメリカで普及したデジタルレコーダー）が登場し、ハード機器自体に記録するスタイルが主流になった。光ディスクのような、外付けの記録メディアのニーズが減ってきたのだ。

「今の事業で得られる一〇年先の利益は、必要な額の半分になっとると仮定せい。その上で、事業構造をどう変えていく必要があるのか、常に考えとかなあかんぞ」

たまに帰省をすると、父は私に必ずこう話した。おそらくプラザ合意後の苦労が引退しても骨身に染みついていたのだろう。たとえ事業が順調であったとしても、その業績はこの先一〇年も続かないと覚悟し、常に成長が見込める事業構造に変えていく心づもりが必要だ、と強烈に信じていたのだ。

ＴＤＫの記録メディア事業が追い込まれていくのを肌で感じる一方、父の助言に影響を受けていた私は、アメリカの現地法人にいながら、成長の道筋が見えない組織に強い危機感を抱くようになっていた。

本来、事業の将来に強い危機感を持ったのであれば、ひとりで抱えていても意味がない。同じ危機感を持つ上司や、担当部門を焚きつけて、その危機意識を組織全体で共有するように仕向けるべきだ。ＵＳＢドライブやＳＤカードといった新しい記録メディアに参入すべきか。ＴＤＫブランドの強みが生きる他の製品はあるのか。そもそもＴＤＫブランドの強みとは何なのか。オープンに議論すべきテーマは山のようにあったのだ。

ところが、私は何も行動を起こさずに、「こっちは今日明日のことで手いっぱいなんだから、先のことは東京の本部がしっかり考えてくれ！」とひとり不貞腐れていただけだった。今にして思えば、フラストレーションを抱えながら問題の解決に動かない態度は、エンゲージメントが低下した社員の典型だった。自らの職務を全うするだけの責任感はかろうじて残していたが、それ以上の労力をさくエネルギーはとうに失っていた。

問題を認識していながら放置するのは未必の故意であり、認識できなかった過失より、その罪ははるかに重い。私の場合はまさしくこれであり、その過ちは二〇年近く経った今でも、サラリーマン人生の中での最も大きな後悔として私の心の奥底に残っている。

人の力が発揮できない最大の原因は何か

バブル崩壊後、日本企業が従来からの雇用制度を見直したのは、グローバル競争で勝ち残るためには仕方なかった。日本流雇用は、制度的に限界を迎えていたのだ。その結果、アメリカ流の雇用に倣おうとしたのも、同国企業の成功を鑑みれば妥当な選択だったように思う。

ただ本来であれば、雇用制度という聖域に手を着けた以上、日本企業はメリット、デメリットを十分に分析し、日本流雇用と、アメリカ流雇用のいいとこ取りを徹底すべきだったのだ。ところが、実態はどっちつかずだった。雇用に競争原理が導入され、非正規雇用によって人件費の変動費化が図られたが、アメリカ流雇用の美点であった公平性や企業統治の厳格化は蔑ろにされ、ダイバーシティも進まなかった。おまけに、どこの企業も人件費を引き上げる自信がない。この中途半端さこそが、本章で取り上げた半端の罪なのだ。この罪の結果、社員のエンゲージメントは高まらず、企業業績もなかなか回復しないのだ。

エンゲージメントが低い集団が厳しいグローバル競争に勝ち残れるとは到底思えない。現状の雇用体制を維持していてはもちろんのこと、小手先だけの改革でも結果は同じだろう。半端の罪を認めて問題を克服するのは容易ではない。

年末恒例のエコノミスト懇親会のニュースを見た。華やかなホテルのボールルームに、政治家や財界の大物が集うパーティーだ。出席者に翌年に向けての抱負をインタビューするのが恒例になっている。

二〇一九年末のエコノミスト懇親会のニュースは、「海外事業」「株主還元」「選択と集中」「設備投資」「人材育成」「研究開発」の中で、来る二〇二〇年に最も重点を置きたい経営戦略を経営者に選んでもらうという企画だった。おそらく、「研究開発」や「海外事業」が選ばれるのだろうと思われた。

ところが、誰もが知る企業の経営者一二人のうち、五人が選んだのは「人材育成」だった。番組としても予想外の結果だったようで、キャスターが驚きを口にしていた。[*21]

言うまでもなく、このアンケート結果は少なからぬ経営者が人材不足に強い危機感を抱き、社員の能力を高めていかないと自社の成長は覚束ないと考えていることを示していた。

しかし、私が気になったのは経営者が何を問題として捉えているかではなく、このニュースを見たそれぞれの企業の社員はどう思うのか、ということだった。テレビで社名を出して、「我が社の一番の課題は人材育成だ」と社長に公言されれば、社員にとっては今のパフォーマンスでは不十分だとの烙印を押されたようなものだ。たとえ社員がそこまで否定的に捉えなかったとしても、せっかくのテレビインタビューが、社員のエンゲージメントを高める役割を果たしていないのは明らかだった。マイクに向かう経営者は、テレビの前の部下に前向きなメッセージを届ける貴重なチャンスを逃したのだ。

けれども、意気揚々とカメラに答える経営者には、そんな心配をしている様子は微塵も なかった。おそらく、彼らにとって社員のエンゲージメントなど細事に過ぎないのだろう。経営トップがかつての日本企業の強みを失った事実に鈍感な様子は、私の目には人材育成をはるかに超える極めて深刻な問題に映った。

業績を伸ばすのも、イノベーションを起こすのも、すべては人の力だ。個々の社員が持てる力をどこまで発揮できるのか、で企業の成否が決まる。ところが、今日の日本の雇用制度は、海外から絶賛された美点を失う一方で、甘い企業統治や公平性の欠落など、遅れている部分ばかりが目立つようになってしまった。これでは、社員のエンゲージメントが下がるのも致し方ない。

どのようにすれば、ひとりでも多くの社員が一〇〇％の力を発揮できる環境を作り出せるのか、日本企業は真剣に考える必要がある。おそらく生半可な改革では半端の罪をつぐなうことは難しいだろう。

第五章　欠落の罪

ミッションとビジョン

もし道に迷ったら、あなたならどうするだろうか。あいにく手元には地図もスマホもないとする。普通ならば、自分がどこにいるのか、目指す目的地はどちらの方向なのか、それらがわかる情報を得ようと周囲をきょろきょろ見渡すだろう。あるいは空を見上げ、太陽や月の位置から目指すべき方角を知ろうとするかもしれない。いずれにせよ、足元だけを見ていては進むべき道は見つからない。

企業も当期や翌期の業績だけに目を向けていると、いずれ道に迷うことになる。事業を適切に運営していくには、視線を足元に落としているだけでは駄目で、しっかりと顔を上げて未来を見据え、進むべき方向を見失わないことが大切になる。

実際に東京証券取引所がまとめたコーポレートガバナンス・コードでも、企業が情報開示すべきものとして真っ先に挙げているのが、会社が目指すところ、すなわち経営理念だ。[*1]組織がどこを目指そうとしているのかは、社員のみならず、投資家や他のステークホルダーにとっても重要な情報なのだ。

そのようなニーズを満たすため、企業が自社の理念や、中長期の方向性を明確にする形

図7　ミッション、ビジョン、ストラテジー、タクティクス、バリューの関係性

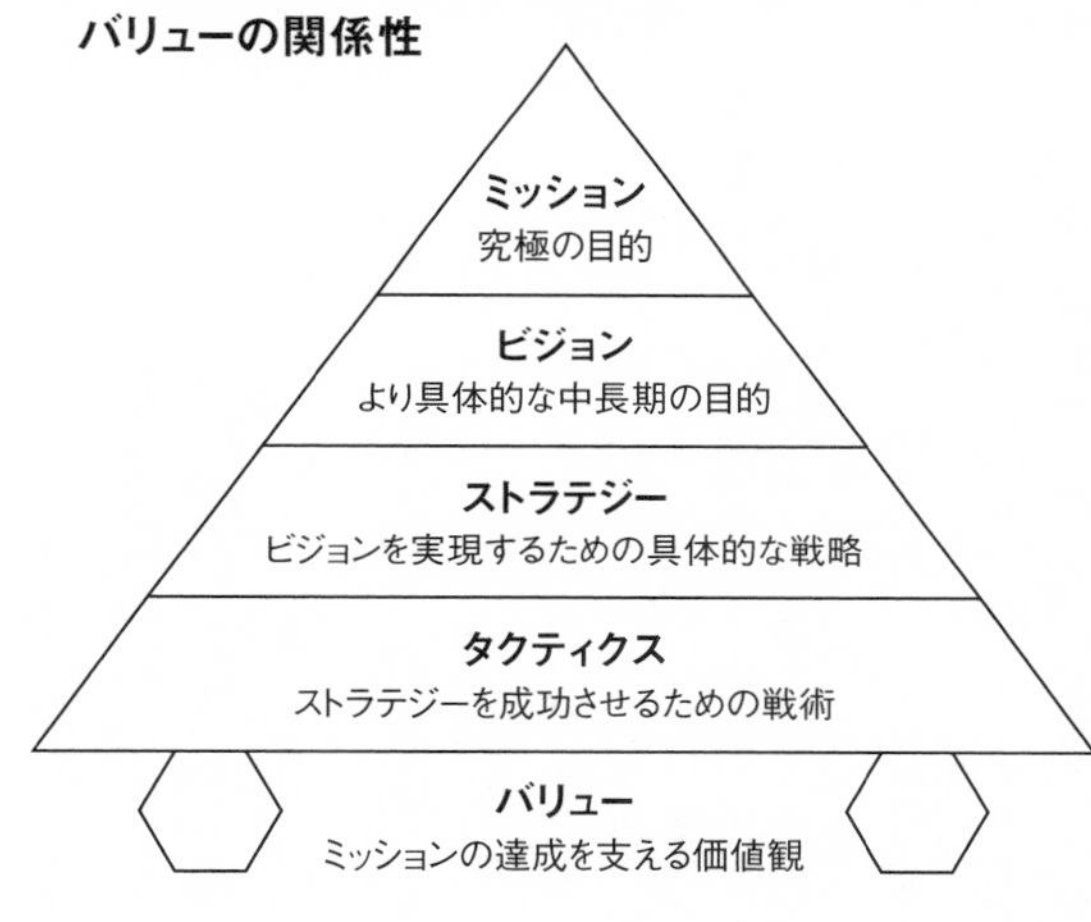

式が存在する。最も一般的なのは図7のピラミッド型のものだ。本章ではこの概念をベースに話を進めていくので、少し説明を加えたい。

頂点をなすミッションは、企業にとっての究極の目的になる。企業が存続する限り、達成を目指し続ける理想像だ。究極の目的だけに、その内容が抽象的になるのは否めないが、抽象的なぶん、異論は生まれにくい。名称はいろいろで、社是や綱領、パーパスと呼ぶ企業もある。

三角形の中核にあるビジョンは、組織が目指す具体的な未来像だ。五年から三〇年ほどの幅で、目指すべき組織像や事業像を示す。ミッションと違いビジョンは定期的

に更新されるもので、全社だけでなく、事業単位、部門単位のものも重要になる。また、具体性が増すことで賛否の分かれる余地が生まれるのもミッションとの違いと言える。

そのビジョンを実現するために、ストラテジー（戦略）が組まれる。さらに、ストラテジーはタクティクス（戦術）に展開され、最終的には年度単位の事業計画や中期計画で、細かな数値目標に落とし込まれる。

図7で底辺を支えるバリューは、このピラミッドを実現するために社員が守るべき価値観だ。行動規範や社訓と称する場合も多い。

企業は自社の方向性を社内で共有しようと手を尽くすものだ。ミッションやバリューを定期的に唱和したり、小さなカードにして社員に携帯を求めたり、そのやり方はさまざまだ。ＴＤＫも例外ではなく、会議室の壁には額に入った社是（ミッション）と社訓（バリュー）が掲げられていた。

ＴＤＫの社是は、「創造によって文化、産業に貢献する」、社訓は、「夢　勇気　信頼」だ。新しい技術・製品を創り出し、世界の文化や産業の発展に貢献することを究極的な存在目的に定め、そのためには、常に夢を持って前進し、常に勇気を持って実行し、常に信頼を得るように心がけるのが大切だ、とうたっている。[*2]

その社是と社訓がたまたま私の目に留まったのは、各部門から集まった翌期の利益計画が期待値に届かず、紛糾していた日本の本社での会議の場だった。すでに日は落ち、蛍光灯の明かりだけが際立つ会議室で、私は時差ぼけと格闘しながら何か利益計画を上乗せするよい方法はないかと頭を捻(ひね)っていた。

そんな私にとって、壁にかけられた「創造によって文化、産業に貢献する」というメッセージは、どうにも現実感を欠いたアドバイスだった。求めていたのは、来期の売上アップや経費カットのヒントであり、社是の崇高さは疲れていた私を苛立たせた。横に並ぶ「夢　勇気　信頼」に至っては、「俺はアンパンマンじゃない」と、やさぐれた心の中で悪態をつく始末だった。

言うまでもなく、TDKの社是・社訓がおかしかったわけではない。社是は企業の究極的な存在目的なのだから、売上が足りないだの、利益が出ないだのといった卑近な問題とは地続きだとしても、遠く離れている。例えば、「エンパイヤーステートビルの屋上に立つ」というミッションを掲げても、家から最寄り駅に行く方法を決めるのには役立たないようなものだ。目的地との距離がありすぎて、玄関を出てどちらに向かって歩き出すべきかの参考にはならない。当時の私は、社是や社訓の役割をろくに理解もせずに、勝手に苛立っていたわけだ。

図7のピラミッドの中で、私が参考にすべきだったのは、ミッションではなく、ビジョンだったのだ。「エンパイヤーステートビルの屋上に立つ」というミッションの実現のために、「五年後に飛行機でニューヨークに行ける自分」と設定するのがビジョンだ。そのためには、英語を勉強する、〇〇万円貯める、パスポートを取る、航空券やホテルを予約するなど、やるべきことがより具体的に見えてくる。企業にとっては双方ともに大切なのだが、日々の事業への影響はビジョンのほうがより大きいのは、わかってもらえるだろう。

「失敗の本質」の過ちを繰り返す

「何の会社なのか……。それは正直言って私も自問自答している」

二〇一八年のコンシューマー・エレクトロニクス・ショー（以降CES）で、「パナソニックは何の会社なのか?」と問われた社長の津賀一宏（つがかずひろ）氏（現会長）は、こう答えた。まるで巨大組織パナソニックが、ビジョンを掲げられずに進むべき方向を見失っているような発言だった。リーダーが公の場で内心の迷いを吐露するのは珍しく、この発言は迷えるパナソニックの象徴としてマスコミに大きく取り上げられた。[*3]

実際には誤解もあったようだ。この発言には、ＣＥＳの地元であるアメリカ人から見れば、Ｂ２Ｂ事業に注力する昨今のパナソニックは実態が摑みづらいだろう、という配慮があったそうだ。津賀氏はのちに経済誌のインタビューでそう説明している。[*4]

しかし、その誤解を解いたとしても、パナソニックが道に迷っているように見えたのは変わらない。同社はその後もプラズマ・ディスプレイだけでなく、液晶パネルや半導体などの主力事業から次々と撤退した。一時は車載電池や住宅関連に注力するのかと思われたが、どちらも思うような結果が残せていない。試行錯誤を繰り返す同社の姿は、傍から見ると、まるで巨艦が羅針盤を失って漂流しているようだった。

パナソニックは、創業者松下幸之助氏の教えをしっかりと継承しているので有名な企業だ。松下氏が定めた綱領（ミッション）は今日でも経営の拠り所であり、社員が遵奉すべき七つの精神（バリュー）は、色褪せないように社員によって定期的に唱和されている。

このように、ミッションとバリューがしっかりと共有されている組織にもかかわらず、肝心のビジョンはハッキリしない。事業単位では存在するのかもしれないが、少なくとも社内カンパニー単位ではそのようなビジョンは外に伝わってはこないのだ。

ただ、ビジョンに明快さが欠けているのは、パナソニックに限った話ではない。他の大手電機メーカーも似たようなものだ。

調べてみると、各社が掲げるミッションはどれも崇高で、文句のつけようがない。どの企業のミッションも、その意味合いは「自社の技術や製品で、社会の発展に貢献する」に集約されるのだが、製造業の究極的な目的が似てくるのは仕方がないだろう。

一方で、各社のビジョンはミッションに少し具体性を持たせただけの当たり障りのないものが多い。ビジョンはより個性を発揮しやすく、時に賛否両論を生みさえするのだが、端的に言えば、どの企業もイノベーションや持続可能な技術といったどこか判然としない手段で、社会をよりよくすると宣言しているに過ぎない。まるで口裏を合わせたように各社が目指す未来の事業像は曖昧で、主体性の欠片もなかった。「エンパイヤーステートビルの屋上に立つ」というミッションに対し、「マンハッタンのランドマークであるエンパイヤーステートビルのてっぺんで、感動体験を味わう」と、言葉を変えて少しだけ具体性を持たせたようなものだ。本質的には各社のミッションとビジョンに大した差はなかった。

「目的のあいまいな作戦は、必ず失敗する。それは軍隊という大規模組織を明確な方向性を欠いたまま指揮し、行動させることになるからである」

これは、太平洋戦争における諸作戦の分析によって、日本の組織が持つ弱点を解き明かした名著『失敗の本質』の一文だ。[*5] 同書は旧日本軍がアメリカに負けた理由の一つとして、曖昧なグランド・デザイン（全体構想）の影響で、個々の作戦目的までもが曖昧になった事実を挙げている。今風に言い換えれば、ビジョンが曖昧だった結果、ストラテジーやタクティクスまでもが曖昧になり、最終的には敗戦につながったと結論付けたのだ。

二〇二一年に日本郵政は、六二〇〇億円を投じて買収したオーストラリアの国際物流会社トール・ホールディングスの一部事業を、約七億円で売却すると発表した。日本経済新聞によれば、トール社は負債が簿価を大きく上回る「実質価値ゼロ」の状態だったそうだ。日本郵政は株式上場を前に国際展開を新たな収益源に育てる戦略を内外に示そうとしたのだが、たった六年で挫折した。[*6] 海外で成長を遂げるというだけの安直で具体性に欠けたビジョンの下で、無謀な投資（タクティクス）を行った末路だった。『失敗の本質』が指摘した過ちを、見事に繰り返したのだ。

日本郵政の失敗は電機業界とは無関係に見えるが、同社のM&Aを主導したのは元東芝社長の西室泰三（にしむろたいぞう）氏だった。「電機業界は日本郵政ほどひどくない」と胸を張って言えそうにない。むしろ日本郵政の失敗を他山の石とすべきなのだろう。

最後に述べる欠落の罪とは、明快なビジョンが欠けていることで、組織が持てる力を十分に発揮できていない問題を言う。本章ではその理由を探るとともに、ビジョンが持つ本来の力を明らかにしたいと思う。

ビジョンの力

話を先に進める前に、ビジョンにまつわる私の経験も少し加えておきたい。私のサラリーマン人生を振り返っても、トップの掲げたビジョンが進むべき道をしっかりと照らし出していた記憶はわずかだ。そんな数少ない経験の中で、私が初めてビジョンが持つ力を垣間見（かいまみ）たのは、アメリカに駐在していた時だった。

デジタル化が進むにつれ記録メディア事業の先行きに懸念が強まる中、アメリカの現地法人の日本人社長が、「記録と再生のトータルソリューションプロバイダーになる」というビジョンを掲げたのだ。これは、同地では記録メディアだけに留まらず、それらの記録・再生に関連するハードウェア事業にも参入する、という思い切った宣言だった。

このビジョンの下、現地ではハードウェアビジネスの経験者が新たに採用され、ラインナップの増強も進んだ。やがて実績がともなってくると、リストラで沈滞していた現地法人が再び活気づいた。成長の道筋が見えたことで、多くの社員が自信を取り戻し、希望を見出(みいだ)したのだ。明快なビジョンをきっかけに、澱(よど)んでいた水が急に流れ始めたようだった。

しかし、このよい流れも長くは続かなかった。当時ＴＤＫが全社で進めていた「選択と集中」の影響もあったのだろう。一般的に新しい試みは紆余曲折(うよきょくせつ)が避けられないものだが、数年後に新しい事業が踊り場に差し掛かると、「儲からないなら、やる意味ないよね」のひと言で、あっさりと幕引きが決まった。足元の業績改善に追われていた記録メディア事業本部に、本業（記録メディア事業）以外の低迷を容認する忍耐力は残っていなかったのだ。こうして私の初めてのビジョン体験は、その力を垣間見るだけに終わった。

次に明快なビジョンを経験したのは、二〇〇七年に事業売却が決まり、アメリカでの引き継ぎ業務のために、初めてミネソタ州にあるイメーションの本社に呼ばれた時だ。まるで敵の陣地に連行された捕虜のような気分だったのを覚えている。そんな気持ちでいる買収先（ＴＤＫ）のアメリカ法人の幹部社員に対し、買収元（イメーション）のＣＥＯが自らのビジョンを語ったのだ。

彼が思い描いていた構想は、複数のブランドを使いながら、記録メディアに限らず、幅広い製品をＢ２Ｃ市場に展開するというものだった。ＴＤＫからの事業買収も、ブランドと商流を手に入れるのが目的であり、彼のビジョンを実現するための一環だったわけだ。

自らが目指す未来像を滔々と語るＣＥＯの姿は、私の目にはとても新鮮に映った。彼の話術が巧みだった面もあるが、それ以上に、数値目標ではなく、こういう事業をやりたいんだ、と自らの思いを熱く語るリーダーが新鮮だったのだ。

彼が語る未来は、長年にわたって右肩下がりの業績に苦しみながら、何度もリストラを繰り返してきた私に希望を与えてくれた。そして、彼の話を聞きながら、この構想を実現するために、自分ならば何をするだろうかとひとり勝手に考え始めていた。本人に自覚はなかったが、明快なビジョンにすっかり触発されていたのだ。ＣＥＯが語るビジョンは、すでに転籍を決めていた私の背中を、さらに強く押した。

実際にイメーションはそのビジョンの実現に向けてＭ＆Ａやブランドリースを続け、最終的には五つのブランドを使いながら幅広い製品を取り扱うようになる。しかし、数年が経過しても投資家が満足する業績は残せず、ＣＥＯは退任に追い込まれた。言うまでもないが、明快さは優れたビジョンに不可欠な要素だが、それだけで成功が約束されるわけではなかったのだ。

過去に対し公平に向き合うためには、ビジョンの受け手だった話に終始するのではなく、送り手としての経験も語る必要があるだろう。二〇〇八年にイメーションへ転籍し、日本のB2C事業の責任者になった私は、自らのビジョンを部下に示す立場に変わっていた。

当時のイメーションの日本法人におけるB2C事業の構造は、成熟化が進んだ光ディスク事業と、新しく始めていたSDカードやUSBドライブ、オーディオ製品などの合計が六対四の割合だった。売上や利益は何とか微増を見込めたものの、外部環境を考えれば、いつまで続けられるのかは不透明だった。ビジョンを示す必要に迫られた私は、まずは三年先に照準を当て、光ディスク事業や、新しい事業の将来を予測することから始めた。

その結果見えてきたのは、光ディスクの市場は三年で半分となり、その落ち込みを補おうと思えば、新しい事業でかなり無理のある実績を出さなければならない未来だった。現実を踏まえて正解を求める生真面目さは、その現実を乗り越えられない弱さにつながる。三年先の厳しい現実を再認識した私は、「光ディスク事業に見切りをつけ、新しい事業で成長を遂げる」と宣言するほど新規事業に自信が持てず、だからと言って、「このままでは、この組織は三年持たない」と危機感をあおるほど腹が据わっていなかった。あまりに楽観的であったり、逆に悲観的すぎたりするビジョンが、必要以上に社員の不安をあおり、人員の流出や、エンゲージメントの低下につながるのを恐れたのだ。

その結果、最終的にたどり着いたのは、「いろいろ大変だけれど、何とか生き残ろう」

といった趣旨の中途半端なメッセージだった。先に大手電機メーカーのビジョンはどれも明快さに欠けると息巻いたものの、この通り私自身が描いたものは、それら以上にひどかった。これが、まだビジョンの持つ真の力を実感していなかった私の限界だった。

このように、大手電機メーカーが掲げるビジョンを見ても、私自身の経験を振り返っても、日本のリーダーは明快なビジョンを描くのが苦手なようだ。それはなぜなのか、次にその理由を探ってみたい。

立ち位置を明確にしてリスクを取る覚悟

多くの電機メーカーが「選択と集中」を遂行したとはいえ、各社の事業領域はいまだに広い。日立製作所であれば、DX関連事業、エネルギー事業、鉄道、医療機器、家電事業などだ。家電事業、エンターテインメント事業、部品事業を展開するソニーも同様で、これらの多様な事業体を一つにくくり、具体的なビジョンを描くのが難しいのは理解できる。さまざまな事業の共通項を求めれば、ビジョンは曖昧になってしまうのだろう。

加えて、電機業界の変化の速さも明快なビジョンを描くのを難しくしている。一〇年先に目標を置いたビジョンを描くのであれば、その前提となる一〇年先の事業環境を想定しなければならない。技術はどの程度進むのか、競合環境に変化はあるのか、ユーザーの志向や行動はどう変わるのか。リーダーは世の中の潮流を見通さなければならない。

ところが、デジタル化にともない技術革新のスピードは飛躍的に速まり、新興国の台頭でライバルとなる競合相手も一〇年もあれば様変わりする。このスピードの速さが将来の予測を難しくし、明快なビジョンを打ち立てる妨げになっている側面はある。

とはいえ、事業領域が広いのであれば、事業ごとにビジョンを描くやり方もあるし、将来の予測が難しくとも、企業として覚悟を決めれば一つの仮説を立てることはできる。おまけに、これらは日本企業に限った問題ではない。外国企業も同様だ。どうやら日本企業が明快なビジョンを描けない原因は、他にありそうだ。

アメリカで勤務していた時の現地法人の社長は少々血の気の多いアイリッシュ系アメリカ人で、日本人の感覚からすると、何事も単純化しがちな人物だった。

「何で日本人は、いつも白黒ハッキリさせないんだ！」

ある日、東京の本社の方針に腹を立てた社長が大きな椅子にもたれかかったまま、自分のデスクの前に座る私に毒づいた。彼からすれば、日本からの出向者の私は直属の部下でありながら、本社の代理人でもあったのだ。

「世の中の大半のことは、真っ白や真っ黒じゃなくて、グレーエリアにありますよね。それを無理に白黒に分けるのは危険だから、あえてハッキリさせないんですよ。極端に走らず、常に妥協点を探るのが理性的な対応だと思いますけど……」

短気で一本気な気質を心のどこかで小馬鹿にしながら、私は努めて冷静に反論した。

「グレーエリアがあることぐらい、私だってわかってるよ」

社長は私の胸中を見抜いているようだった。

「そうじゃなくて、私が言っている白黒ハッキリさせるっていうのは、あえて自分の立ち位置を明確にして、リスクを取る覚悟を示すことなんだよ」

彼の諭すような言葉に、私は口を閉ざすしかなかった。心当たりがたくさんあったのだ。

何事もひとくくりで色分けするのは間違いの元だが、それでも企業の中枢を担う日本人中高年男性が、とかく中道に走りがちなのは否定できない。失敗を恐れるあまり無難な答えを求めているのか、現状に固執して大きな変化が起こることを恐れているのか、あるいは、何も考えていないのか、その理由は人それぞれだろう。ただ、さまざまな問題に直面した際に、あえて白黒をハッキリさせず、グレーエリアに答えを求める風潮が強いのは間違いない。

例えば、その曖昧な姿勢が時に決断の遅れにつながった経験は、誰しもあるのではないか。会議を開いても、決定権の不在や、判断材料の不足を理由に、必要な決断が先延ばしされた経験は珍しくないだろう。私にも決断すべき問題を先送りした記憶がある。

「韓国の企業は、何たって決断が速いからありがたい。ただ、すぐ約束を破るのは問題だ。その点日本企業は、約束は絶対に守ってくれるから安心だ。けれど、その約束を取り付けるのに、何ヵ月もかかるのには閉口する。結局のところ、どちらも困るんだよ」

よく聞かされた台湾サプライヤーのジョークだ。日本企業の優柔不断さは、海外で笑いのネタにされるほど悪名高いのである。

そして、日本人中高年男性のこの特徴が、明快なビジョンの妨げにもなっている。

ビジョンとは、組織が目指すべき具体的な未来像だ。優れたビジョンは、未来像だけでなく、時間軸も明快でなければならない。いつまでに、何を達成するかが明らかなのだ。

このようなビジョンは、経営者にとってはチャンスであり、リスクでもある。なぜなら、やがて答え合わせの時が来るからだ。目標とした時が来て、目指していた事業像が実現できていれば経営者の手腕は高く評価され、まったく実現していなければ批判を覚悟しなければならない。場合によっては、力不足の烙印を押される恐れさえある。

このようにチャンスとリスクが目の前に現れると、多くの日本の経営者は中間を目指すようだ。大きな成功は期待できないが、失敗のリスクも小さい道を進もうとする。まさしく、間違うこと、失敗することを必要以上に恐れる日本人（中高年男性）の本領を発揮するのだ。その結果、毒にも薬にもならないビジョンができ上がる。

これは日本の組織で何十年も繰り返されてきた行動パターンであり、当事者には曖昧に逃げた自覚さえないのかもしれない。

明快なビジョンを必要としなかった日本の組織

もう一つの要因は、日本の組織の特性に起因する。

アメリカは多民族国家であり、企業も必然的に多民族化する。アフリカ系、ラテン系、アジア系のみならず、白人とひと言でくくってもアイリッシュ、ゲルマンなどさまざまだ。同じ民族であれば期待できる緩やかな連帯や似通った価値観も、アメリカの組織では望むべくもない。おまけに、アメリカでは個人主義の傾向が強く、社員の定着率は低い。何もしなければ、コロコロと人が入れ替わる統制が利かない組織ができ上がってしまう。

このような難しさがあったからこそ、アメリカ企業では組織を人為的にまとめ上げることが重視され、そのための手段が発達したのだ。楽しみながらチームワークの重要性を学ぶチームビルディングや、経営陣と社員が直接対話するタウンホールミーティングをアメリカ企業が好むのは、組織を意識的にまとめ上げる必要性を感じているからに他ならない。

一方、日本企業は歴史的に社員を家族とみなす文化があり、その影響は薄れつつあるとはいえ今も残っている。長期に雇用されている男性が多い典型的な日本の組織では、師弟関係に似た上下関係が存在し、同じ釜の飯を食った過去が重視されたりする。場の空気や、阿吽の呼吸といった曖昧な判断基準が幅を利かせ、忖度も当然視される。

そのような人間関係が濃密な組織は全体を意識的にまとめ上げなくとも機能する。何せ同質性が高いのだ。指揮命令系統は機能しやすく、社員の連帯意識も強い。日本企業は歴史的に組織をまとめ上げるのに腐心する必要がなく、その影響が現代にも残っているのだ。

明快なビジョンは、チームビルディングやタウンホールミーティング以上に組織を一つにまとめ上げる力を持つ。アメリカ企業がビジョンを重視するのは当然だった。ところが、そのニーズが乏しい日本の組織では、明快なビジョンの価値が十分に理解されないまま今日に至っている。言い換えれば、親睦という関係性に頼り、目指す場所をハッキリと示さずに組織を動かし続けてきたのだ。

このように、リーダーがビジョンを明快にするのが苦手な理由には、何事も白黒ハッキリさせるのを避ける気質と、意図的に組織をまとめ上げる必要がなかった日本人の特性があったと思われる。

もちろん、日本でも明快なビジョンで成功した例もある。

液晶でいくとビジョンを掲げたシャープ

「国内で販売するテレビを二〇〇五年までに液晶に置き換える」

これは、シャープの社長だった町田勝彦(まちだかつひこ)氏が、就任後初めての記者会見でぶち上げたビジョンだ。一九九八年のことだったが、当時の液晶テレビは世に出て三年ほどしか経っておらず、画面サイズもせいぜい一五インチ程度で、価格は同じサイズのブラウン管テレビの四、五倍もした。[*7] そんな黎明期にもかかわらず、当時は当たり前だったブラウン管テレビを、たった七年ですべて液晶に切り替えると宣言したのだ。町田氏の大胆なビジョンに対してライバル企業の幹部は、「二〇〇五年から二〇一〇年頃までは、まだブラウン管が主流だよ」と冷ややかな目を向けていた。[*8]

「社長、そら無理やで」

驚いたのは社内も同じだった。当時シャープで液晶の技術者だった中田行彦氏の著書によれば、当時の液晶テレビには克服すべき問題が山積していたので、多くの社員がこのビジョンの実現に懐疑的だったそうだ。[*9]

当面の課題は、製造コストの大幅な引き下げだった。いくら薄型テレビが画期的でも、価格が高ければ普及は進まない。ブラウン管テレビを液晶に置き換えるには、多くの消費者の手が届く価格設定にする必要があった。

コストだけではない。当時は斜め方向から画面が見づらい点や、スポーツ映像などで残像感が残る点など、技術的な課題も残っていた。どれも簡単には克服できない問題だった。

ところが、この一見無謀に見えたビジョンが絶大な効果を発揮し始める。何せ達成すべき目標はシンプルで、おまけに期限がハッキリと区切られていたのだ。ごまかしが利かない以上、全社を挙げて取り組むしか道はなかった。

二〇〇〇年の正月には、元日から四日間連続で大量のテレビコマーシャルが流された。「二〇世紀に、置いてゆくもの。二一世紀に、持ってゆくもの」をキャッチフレーズに、新時代の幕開けを訴えたのだ。置いてゆくものとは風呂敷に覆われたブラウン管テレビで、持ってゆくものは吉永小百合氏が抱えた液晶テレビだ。新しい時代の幕開けに合わせ、同社のビジョンをうまく可視化させたCMだった。正月早々テレビでこのメッセージを受け取った社員は、きっと奮い立つものがあっただろう。

実際に開発・製造部門は技術的な課題を次々と克服してゆく。コスト削減の切り札となる最新鋭工場も、三重県の亀山に建設された。稼働開始は順調で、最大の懸念材料だった歩留まりは五割を超え、競合企業を慌てさせる。設備業者や関連メーカーが周辺に進出し、シャープを中心とした一大コンビナートを形成していたことが功を奏していた。のちにシャープが自社の強みとした垂直統合型モデル（バーチャル・ワン・カンパニー）の基礎を、亀山で作り上げたのだ。

亀山工場は同じ敷地内に液晶パネルと液晶テレビの工場を併設したことで、生産効率が格段に高まっていた。さらに、液晶パネルの土台となるガラス基板の大型化を、他社に先行して進めた効果も大きかった。これらが奏功し、町田氏が目標にしていた「一インチ、一万円以下」という売価目標も早々に達成される。価格引き下げの効果で薄型テレビ市場は急速に拡大し、先行するシャープのポジションは盤石なものになっていった。

さらに新工場が稼働すると、マーケティング部門は同工場の製品を「世界の亀山モデル」と命名した。部外者の私は、「農産物じゃあるまいし、亀山の土や水がいい液晶を作るのに役立つの?」と冷ややかな目で見ていた。第一章でも述べたが、本来デジタル製品は性能の差別化が難しいのだ。しかし、シャープのイメージ戦略は見事に成功する。世間では亀山モデルは高品質だとの漠然とした認識が広まり、指名買いするユーザーが急増した。「AQUOS(アクオス)」というブランドとともに、シャープの液晶テレビは一世を風靡した。

営業部門も例外ではなかった。営業は「液晶ビッグバン計画」を立て、家電量販店で液晶テレビの売り場づくりを進めた。さらに、液晶テレビの使い勝手のよさや、デジタル機器との相性のよさを訴求する活動を行い、最前線から普及を後押しした。[*10]

こうして町田氏が描いた野心的なビジョンは、二〇〇五年の期限を一年前倒ししてほぼ達成された。ブラウン管テレビでは常に他社の後塵を拝してきたシャープが、社長の打ち出したビジョンによって薄型テレビでは国内トップブランドになったのだ。当事者からすれば、これほど痛快なことはなかっただろう。

シャープが犯した二つの過ち

ここでシャープの成功事例をもう一度振り返りながら、ビジョンが組織に影響を与えていくプロセスを確認してみたい。

町田氏の明快なビジョンは、まず社内外に驚きを与えた。なぜならば、日本企業に多い当たり障りのないビジョンと違い、明快でハードルの高いものだったからだ。その明快さは、組織が向かうべき方向をピンポイントで指し示し、そのハードルの高さは、経営者の覚悟を知らしめた。

明快なビジョンが掲げられたことで、シャープでは組織の行動に目に見えた変化が起きている。設備投資や広告宣伝投資は液晶事業に集約され、製造、営業、マーケティングなどが一つの目的のために、個々の職務を遂行していった。目的が一本化された組織では一体感も醸成されやすい。年を追うごとに結果が付いてくれば、成功への期待も自ずと高まっただろう。甲子園に向けて予選を勝ち上がっていくチームのように、ビジョンの達成に向かう組織は社員の満足感を高め、エンゲージメントの向上にもつながったに違いない。

このように、町田氏のビジョンは、日本企業では稀(まれ)に見る成功を収めた。社長の発言をきっかけに組織内で行動変容が起こり、各部門が一つの目的に向かって有機的に機能していったのだ。その結果、シャープの組織力は格段に強まり、当初は絶対に無理だと思われた目的が達成されるに至った。この一連の流れこそが、ビジョンが持つ力なのだ。

ところが、飛ぶ鳥を落とす勢いとなったシャープも、リーマンショックを境に坂道を転げ落ちるように経営危機に向かっていく。一年前倒しで液晶テレビへの置き換えを成し遂げてから、三七六〇億円という巨額の赤字を計上するまで、たった七年しかかかっていない。傍から見ていても、突然すべてが逆回転を始めたようだった。

ここまでシャープのビジョンの効果に焦点を当ててきたのだから、経営危機に向かっていった原因も、ビジョンの側面から触れるべきだろう。

私は、シャープが二つの過ちを犯したと思っている。そのうちの一つは、完璧だったはずの町田氏のビジョンに潜んでいた。

「国内で販売するテレビを二〇〇五年までに液晶に置き換える」というメッセージには、海外と液晶以外の事業が含まれていない。しかし、町田氏が社長を退任した二〇〇七年三月期でも、シャープでの非液晶事業の比率、及び海外事業の比率は、ともに五割を超えている。[*11] 経営者は極めて明確なビジョンを掲げたのだが、売上高をベースに見れば、半数を超える社員にとっては直接関係がなかったのだ。私も傍流の事業に携わる年数が長かったので経験的にわかるのだが、会社からの期待値が低いと、その組織の士気はどうしても上がりづらいものだ。

実際に同じ液晶テレビでも国内ではシェア争いで独走するのに対し、海外ではそのポジションを失っていく。二〇〇四年にはグローバルで二五％というトップシェアを誇っていたが、三年後には一〇％まで落としている。サムスン、ソニー、フィリップスに続く四位だ。[*12]海外でのブランド力や販路の弱さなど、原因は多々あっただろう。しかし、強いビジョンの影響で、社内リソースの配分が「国内＋液晶」に偏ったのは否定できないのではないか。スポットライトの周りは実際よりも暗く見える。ビジョンが強すぎたがゆえに、海外事業や非液晶事業に弊害が生まれ、国内の液晶一本足がより強まったと考えられる。

もう一点は、町田氏のビジョンに続きがなかったことだ。

「液晶に特化するのはいいが、その先はどうなるのか」

「この（液晶の）競争力はどこまでもつのか」

前者は町田氏の前の社長だった辻晴雄(つじはるお)氏が相談役時代に業界の賀詞交歓会で発した言葉[*13]で、後者はその辻氏の下で副社長を務めた私の父がオーラルヒストリーで語ったコメントだ。[*14]前経営陣は、液晶テレビで破竹の勢いだったシャープに一抹の不安を覚えていたようだ。

もちろん、当事者であった町田氏も、その後を継いだ片山氏も、過度な液晶依存をよしとしていたわけではない。実際に町田氏は生産技術が液晶と重なる太陽電池や、ユニークな白物家電を育てようとさまざまな策を講じていた。プラズマクラスター（プラズマ放電による空気清浄化技術）はその一つだ。

しかし、液晶テレビの時のような明確なビジョンは打ち出されず、好業績ということもあってか、シャープの覚悟や切迫感が外部に伝わってくることはなかった。

二〇〇七年に社長に就任した片山氏が、就任五年後に向けて掲げた二つのビジョンは次の通りだ。「世界ナンバーワンの液晶ディスプレイを用いてユビキタス社会の実現に貢献する」と、「省エネ機器を用いて健康・環境で世界に貢献する」だ。[*15]

二つのビジョンは、それぞれスマートフォンの急拡大や、環境に優しい太陽電池などを意識していたのだろう。しかし、その内容は双方ともに「貢献する」という曖昧なフレーズで終わる。日本企業にありがちなビジョンだと言えばそれまでだが、読んでも心は躍らず、組織の隅々にまで行動変容を促す力があったとは、とても思えない。

このように、「国内で販売するテレビを二〇〇五年までに液晶に置き換える」という町田氏のビジョンには、力強い続編が用意されなかった。その結果、大きな目的を成し遂げた組織が次の目的を見出せず、液晶という成功体験にしがみつく結果になったのではないか。私にはそう思えてならない。

シャープが経営危機に陥ったのには、過剰投資や、他ブランドとのアライアンス作りの失敗など、さまざまな要因があったと言われている。ただその中の一つに、一度はビジョンの力を最大限に活用しながら、その力を持続できなかった問題もあったと思われてならない。ビジョンの最大の利点は、組織の行動を変える力があることだ。行動が変われば自ずと結果も変わってくる。無理だと思われたことを実現させる力さえ秘めているのだ。

私がなぜそこまで断定できるのか。次に私がビジョンの真の力を痛感した体験を紹介したい。

リストラを部下に告げた日

本書の冒頭で紹介したように、二〇一五年九月二九日、私は大勢の部下に事業撤退が決まり、全員が解雇となる旨を伝えなければならなかった。息苦しいほどに混みあった会議室こそが、私が正せなかった五つの大罪が行き着いた最終到達点だった。

イメーションの記録メディア事業が撤退に追い込まれた経緯を簡単に説明すると、すべての発端は業績改善の遅れだった。長引く株価の低迷に痺(しび)れを切らしたモノ言う株主が委任状争奪戦を起こし、独自の取締役候補を擁立。彼らは株主総会で取締役会の過半数を握ることに成功すると、すぐに当時のＣＥＯを解任した。モノ言う株主が中心となった取締役会が後任に指名したのは、リストラを専門にしたコンサルタントだった。

「グローバルで記録メディアビジネスから撤退するから」

来日した新ＣＥＯが日本法人の幹部にこう宣言したのは、九月の半ばだった。彼の口調はあっけないほど軽く、今まで事業に取り組んできた社員への敬意など微塵も感じられなかった。株主第一主義の下では、労働者の価値など鴻毛より軽いと思い知らされた。

ＣＥＯは現場の要望や提案には一切耳を貸さず、三ヵ月での事業撤退の完了を決めた。想像してほしい、突然あなたが従事している事業を、「三ヵ月できれいさっぱり片づけろ」と命じられたらどうなるかを。六ヵ月間の製品供給を契約している取引先もあれば、新製品の大々的な拡販を約束してもらった取引先もある。おまけに、一〇月から年末までの三ヵ月は、販売店にとって最も大切な年末商戦と重なるのだ。たった三ヵ月での撤退など、私にはビジネスの実態を知らないＣＥＯの、身勝手で無謀な計画にしか思えなかった。

とはいえ、その決定を覆す力を誰も持たない。どのように撤退作業を進めれば取引先への悪影響を最小限に抑えることができるのか、撤退後のエンドユーザー対応はどのようにすべきなのか等々、怒りの感情は、次々と湧き上がってくる疑問に、すぐに置き換わった。

私の中で一番大きかった不安は、社員がどう反応するか、だった。解雇されると知らされたあと、それぞれの社員がどこまで踏ん張って職務に励んでくれるかは、予測が難しかった。解雇補償金の支払い条件に会社が指定した期日までの勤務を入れることで、人員の流出を防ぐのは可能だろうが、有給休暇消化を優先したり、目に見えてやる気を失ったりする社員が現れる恐れがあった。組織力が大幅に低下してしまい、撤退作業が混乱して収拾がつかなくなる事態が最悪のシナリオだった。

そのリスクを軽減するには、撤退の告知を行う際に社員にどのようなメッセージを伝えるかがカギだったが、幸い私には参考にできるロールモデルがあった。

遡ること八年前、私はＴＤＫのアメリカ法人で似た経験をしていた。イメーションへの事業売却にともない、アメリカ法人のほぼ全員が解雇になった時のことだ。社員に対峙（たいじ）し、事業売却の決定を伝えたのは例のアイリッシュ系の頑固な社長だったが、その傍らで私は彼の一挙手一投足を見守っていた。

彼は大きな会議室に集まった社員に事業売却の事実を淡々と伝えると、最後に語気を強めてこう言った。

「動揺したり、腹が立ったりしたなら、今日は家に帰ってもいい。明日も休んで構わない。

けれど、来週の月曜日にはオフィスに戻って、今まで通り自分の仕事に邁進してほしい。そして、イメーションの連中にいかにＴＤＫが優秀か見せつけてやろう」

体軀のよい社長は、まるで大事な試合前のアメリカンフットボールのコーチのように見えた。いつもは私の前で日本の本社に対する愚痴を口にしていた彼が、最も苦しい局面で、会社の決定を非難することも、本社に責任を押し付けることもなく、解雇が決まった社員を鼓舞したのだ。私は真のリーダーシップとはどういうものかを見せられた気がした。

そして、私の番が来た。

結論から言うと、残念ながら私には彼の真似はできなかった。大げさに部下を鼓舞するのはそれまでの自分のカラーにそぐわないし、無理をしても聞く側を困惑させるだけだろうと思った。代わりに私が発したのは、むしろ真逆の言葉だった。

全員の解雇を発表すると、まず彼ら、彼女らに雇用を守れなかったことを詫びた。「企業の最大の使命は、雇用を作って、税金を払うことだ」という早川徳次氏の教えが、私の心にも残っていたのだ。最大の使命を果たせなかった責任者はまず頭を下げるべきだった。

さらに、「会社と社員は常に対等な関係だ」という話をした。たとえ会社が補償金を払うにしても、解雇を決めた組織に対し、最後まで自らの職務を果たせと命じることに強い片務性を感じたのだ。今もその気持ちに変わりはないが、リーダーとしてはナイーブすぎると言われても仕方がなかった。

このように私のスピーチは、アメリカで学んだリーダーシップとは程遠いものだったし、下手をすれば自分自身が最も懸念していた組織力の低下につながりかねないものとなった。

撤退自体もビジョンになり得る

それでも、その日から一斉に取引先への告知が始まった。

よく結婚より離婚のほうが大変だというが、事業も起業より撤退のほうが大変であろうと思う。創業と違い、廃業は関係する誰にとっても大なり小なり損をする話なので、簡単には話がまとまらない。日本国内の事業は全盛期に比べて半分以下になっていたとはいえ、年商は一四〇億円を超え、取引先も一〇〇社に近かった。唐突に撤退すると言い出せば、さまざまなハレーションが起きるのは避けられなかった。

「お宅の撤退のあおりを受けてウチの経営がおかしくなったら、どうしてくれるの」

「撤退したあとのカスタマーサポート体制は、ちゃんと準備してくれるんだよね。それが約束できないなら、これ以上うちでは売れないから、今すぐ店頭の商品を全部返品する」

「我々がイメーションの製品で得られたであろう将来の利益は、補償してくれるんですか」

代理店や販売店の懸念は、どれも理解できた。厳しい要望も、強い口調も、イメーションの唐突で身勝手な決定を考えれば、どれもやむを得なかった。逆の立場なら、私はもっと激しい言葉を投げつけていただろう。

取引先との交渉が本格化すると、百戦錬磨の営業部長でさえ日を追うごとに顔つきが変わっていった。頬が火照ったように赤みがかり、目元は引きつって見えた。あるいは、よく眠れていなかったのかもしれない。少々のトラブルでは動じないベテランでさえ、苦悩と疲労が隠し切れなくなっていた。

私自身も夜中に入ってくるアメリカ本社からのメールが心配で、朝の四時には目が覚めるようになっていた。真っ暗なリビングで着信ＢＯＸをスクロールするのが日課だった。気がつけば、着信通知でスマホがブルッと震えるだけで心臓がビクッと跳ねるような精神状態になっていた。日々が過ぎていくのが恐ろしく遅く、この苦境が延々と続くようにさえ思えた。万が一に備え、心療内科で抗うつ剤を処方してもらった。

取引先への告知を一通り終えると、営業は大急ぎで最終受注を集めた。言うまでもなく、撤退する企業にとって売上などどうでもよい。ただ取引先への迷惑を少しでも軽減するために、最後の買い溜めをしてもらおうとしたのだ。このような現場の動きに対し、猜疑心の強いＣＥＯは、取引先が最終発注後にキャンセルや返品をすることを恐れ、それらを禁じた覚書の作成を求めた。撤退で迷惑をかける側が覚書を要求するのは釈然としなかったが、営業はやむを得ずこの高飛車なお願いを取引先にして回ることになった。

各社との覚書をあたふたと交わし終えた数日後、ＣＥＯは唐突にサプライヤーへの買掛金の支払いを止めた。それも、大した理由もなしに、だ。サプライヤー各社はただちにイメーションへの製品の出荷を止め、次々と代金の支払いを求める訴訟を起こした。当たり前だが製品がサプライヤーから入ってこなければ、取引先から集めた最終発注は出荷できない。覚書まで交わして受注したにもかかわらず、多くが出荷できなくなり、営業は再び取引先に頭を下げて回る羽目になった。

リストラの専門家が主導した事業撤退は、一事が万事こんな調子だった。ＣＥＯはすべてを金銭的な損得で判断し、取引先との信頼関係や、長年積み重ねてきた歴史には、一切の価値を見出そうとしなかった。もちろん、撤退による取引先への迷惑など一顧だにされない。その徹底ぶりは私に嫌悪感だけでなく、恐怖心をも芽生えさせた。

このように、三ヵ月という短い期間設定にＣＥＯの数々の愚行が重なり、撤退作業は混迷を極めた。

ただ、苦しい状況の中でも、私にとって一つだけ予想外のことがあった。それは、社員の誰もがやる気を失わず、自らの使命を果たそうと奮闘してくれたことだった。撤退を発表して以降、組織力は低下するどころか、むしろ向上しているようにさえ思えた。

人はそれぞれ事情を抱えているものだ。子供ができ、さあこれからという社員。念願のマイホームを購入し、ローンを組んだばかりの社員。伴侶が病気を克服し、ようやくホッと一息つけた社員。そんな個々の事情などお構いなしに、会社は解雇を決めたのだ。目の前の仕事など放りだし、一刻も早く次の仕事を見つけたいと思うのが人情だっただろう。

しかし、営業は取引先からの厳しい反発にもかかわらず、何とか撤退への同意を得ようと奔走し続けた。担当先からの頑(かたく)なな返品要求を断念させようと説得を続けた結果、自らが体調を崩し、一ヵ月の休養を余儀なくされる営業マンまで現れた。戦列を離れるに際し、彼は何度も詫びの言葉を口にした。

営業だけではない。マーケティングや管理部門のスタッフも同じだった。一般的には、エンゲージメントの低下した社員は、自らの職責だけに留まり、面倒なことに巻き込まれないように周囲に対し消極的になるものだ。いわゆるタコ壺化が起こる。

ところが、解雇という最悪の結末を前にしても、スタッフは自らの職責にとらわれず、会社が直面している課題に主体的に取り組んだ。マーケティングの社員が商談や英文の契約書の作成を担ったり、商品企画が使い残す部材の処分負担をサプライヤーと交渉したり、経営企画が撤退後のカスタマーサポート体制を整えようとしたり、チャネル・マネージメント（販売ルート毎に営業を支援する部門）が最後に残った商品の買い取り業者を探したり、SCM（物流・購買）部門がアメリカの本社から水面下の情報を入手したり、それぞれが垣根を越えて組織に貢献しようと奮闘してくれた。彼ら、彼女らの働きぶりは、まるで自らを切り捨てると決めた組織に対し、エンゲージメントを高めているようですらあった。

イメーションの日本におけるB2C事業は、二〇一五年末にすべての営業活動を終えた。多くの取引先に迷惑をかけたのは間違いないが、社員の頑張りによって、その迷惑を可能な限り小さくできたとの自負はある。

解雇という厳しい現実を目の前にしながらも、社員が最後まで奮闘し続けてくれたのは、私のリーダーシップが功を奏したわけではないし、会社が用意した解雇補償金の効果でもなかっただろう。今にして思うその理由は、「三ヵ月で事業撤退を完了する」という強引な社命が、奇しくもビジョンの役割を果たしたということだ。ＣＥＯの理不尽な決定が、時間軸を定めた明快な内容だったゆえに、ビジョンに昇華したのだ。

優れたビジョンと同じ力を持った撤退命令は、目的達成のために個々の社員が何をすべきなのかを明らかにした。そして、彼ら、彼女らの使命感に火をつけた。強い使命感に溢れた集団は、たとえ当事者にとって不利益な結末が待っていようとも、目的を完遂しようとする。私はサラリーマン人生の最後になって、その力の強さを知った。

二〇二〇年代に入り、日本経済の低迷はついに「失われた三〇年」と呼ばれるようになった。この失われた年月は、ほぼ平成の三一年間と重なる。この時代に、日本では低成長が常態化してしまった感がある。そもそも三〇年も低迷が続くと、電機メーカーで働く人々も自らの組織がアップルのようにイノベーションを起こし、世界を牽引してゆく姿をうまくイメージできないのではないか。何せバブル期の新入社員でも、もう五〇代半ばだ。おおかたの社員は、勝利の美酒を味わわないままキャリアを重ねている。

自らの組織の未来に夢が持てなければ、エンゲージメントなど高まるはずもない。どうあがいてもアップルやサムスンには敵わない、という諦めが組織に蔓延している恐れさえある。そんな組織に火をつけて、自分たちが勝つイメージを植え付けるのは、経営者の大切な仕事だ。

そのためには、五年先、一〇年先を見据え、勇気を持って明快なビジョンを描かなければならない。毒にも薬にもならないような、当たり障りのないものでは何の役にも立たない。必要なのは、多少大言壮語であっても、多くのステークホルダーの心が躍るような、明快なビジョンだ。そうすれば経営者の覚悟が組織に伝わり、社員の使命感が目覚めて行動変容が起き、不可能であったことが可能になるはずだ。

すべてのリーダーは、ビジョンが持つ力を正しく認識し、勇気を持ってそれぞれが目指す未来像を示さなければならない。それが欠落の罪を克服する唯一の道であり、日本の電機業界再生に向けての第一歩になると思えてならない。

第六章　提言

本質的な議論ができない日本企業

ここまで私自身と父の経験をまじえながら、日本の電機産業が力を失った原因を明らかにしようと試みてきた。本書の最後に私なりの提言をしようと思うが、その前に五つの大罪をもう一度整理しておきたい。

第一段階のデジタル化を牽引していたはずの日本の電機業界が、いつしかその本質を見誤るようになったのが「誤認の罪」だった。この罪の影響で、高品質、高性能、高付加価値を極めれば競合に勝てると思い込み、より根源的なニーズだった「画期的な簡易化」の提供が疎かになった。

その背景にあったのが慢心だった。アナログ時代に圧倒的な強さを誇った日本企業で、自信が強まるのは自然な成り行きだったが、バブル期を迎える頃には、その自信が慢心にまで肥大化していった。「慢心の罪」が新興勢力の台頭を許し、製品戦略を迷走させたのは間違いない。

「困窮の罪」は、苦境の中で目先の課題に気を取られ、肝心なことに目が届かなくなる罪だった。九〇年代にはバブル崩壊の後処理とグローバリズムへの対応に追われるあまり、インターネットが引き起こすＩＴ革命の胎動に気づくのに遅れ、二〇〇〇年代には「選択と集中」に邁進する中で、イノベーションを起こす力を自ら削いでいった。この結果、日本の電機産業の低迷は長期化してゆく。

復活に手間取る日本企業は大胆な改革を実行しようとしたが、どれも中途半端に終わった（「半端の罪」）。雇用においては、既得権者にとって都合のよい改革から脱し切れなかった影響で、公平性の欠落、ダイバーシティの遅れ、ベースアップの抑制という弊害が生まれ、最終的には組織全体のエンゲージメントの低下につながった。

混迷する組織でリーダーに求められるのは、明快なビジョンによって社員の使命感に火をつけ、行動変容を促すことだ。そうなれば、自ずと結果も変わってくる。ところが、日本のリーダーからは、多少のリスクを取ってでも明快なビジョンで組織を引っ張ろうとする気概が見えてこない。経営者の消極的な姿勢こそが「欠落の罪」を招いた原因だった。

こうして五つの大罪を整理し直すと、一連の罪が相互に関係し合って電機産業の凋落を後押ししていたのがわかる。一つの罪が次の罪を生み、別の罪へとつながる。さらに、その一連の罪の端々には、喉に刺さった小骨のように、いつまでも消えない「なぜ？」が残っていた。五つの大罪だけでは説明し尽くせない疑問だ。少し蒸し返してみたい。

なぜ九〇年代のシャープの役員会では、インターネットが引き起こす技術改革、社会改革を議論しなかったのだろうか。第三章で父が語ったように、円高対応やバブルの後処理で手いっぱいだったのは事実だろう。しかし、自社の未来に計り知れない影響を及ぼす大変革であったにもかかわらず、最も上位にある会議体で議題にも上がらなかったのは不思議でならない。

あるいは、なぜTDKの事業計画検討会では、簡単に「台湾製のCD-Rは心配に及ばず」という結論に至ったのだろうか。もちろん、私自身を含めて組織に慢心があったのが主たる原因だろう。とはいえ、大した議論もなしに結論づけたのだ。その安易さに、慢心以外の理由はなかったのだろうか。

疑問はまだ続く。海外の新興勢力に追い上げられる中で、「モノづくり」の名の下に、高品質、高性能、高付加価値こそが日本企業の勝ち残る道だと思い至った根拠は何だったのか。デジタル化の本質を見誤り、ユーザーニーズより営業ニーズを重視したのは間違いないが、なぜ電機メーカー各社は揃いも揃って同じような袋小路に入り込んだのだろうか。

これらは私が本書を執筆する中で抱き続けたモヤモヤの一部に過ぎないのだが、それらの答えを探っていくと、一つの共通した要因に気づく。それは、日本企業における圧倒的な議論の不足だ。

儲かる、儲からない、売上が計画に届く、届かない、といった数字の議論には日々熱心なのだが、馴染み(なじ)のない新しい技術の可能性を探ったり、新興勢力の影響を予測したり、物事の本質を探ったりする議論は不足していた。少し厳しい言い方をすれば、正誤がハッキリした安易な議論には熱心なのだが、意見の対立を生んだり、当事者の見識が問われたり、組織が目を背けている問題にあえて焦点を当てたりする議論を、無自覚のうちに避けてきたのだ。

とはいえ、本質的な議論の不足は結果に過ぎない。会議の冒頭に、「実りのある議論をしましょう」とお願いしたところで、問題は解決しないし、ましてや日本企業は復活しない。改めるべきは、議論を阻害している真の原因なのだ。

日本企業の強みが逆に弱みに

その原因を探るため、私は過去に参加した会議の記憶をあらためてたどってみた。出席者の顔ぶれや、その場を支配していた空気、それに自分自身の心情を思い起こした。蘇ってきたのは、同じような属性の社員が集うものの、どこか活力を欠いた組織の姿だ。「半端の罪」で指摘したダイバーシティに乏しく、エンゲージメントが低下した日本の組織の課題は、本質的な議論を阻害する形で、残る四つの罪にも影響を及ぼしていた。

ダイバーシティを欠いた同質性の高い組織には、いくつかの特徴がある。

一つは、言うまでもなく視点が似通った集団だということだ。経歴、年齢、性別、出身校などが似ていれば、同じような思考回路に陥りやすくなる。さらに、長年一つの組織に属していれば、どうしてもその組織が持つ独自の企業文化の影響を受けるし、同じようなキャリアを積んでいれば、会得する経験則も似てくる。このような集団では、思考やアイデアが似通い、異論が生まれづらい環境ができ上がるのは仕方がない。

また、同質性の高い組織は内と外を峻別し、異端を排除する傾向を持つ。内にいる男性正社員の地位や雇用を守るために、外に置かれた女性や非正規社員にさまざまな負担を強いている事実は、その傾向を如実に示している。外を排除する一方で、内側では同質性を守るために、しっかりとしたヒエラルキーができ上がり、同調圧力が強まる。中途半端にアメリカ流雇用を取り入れたことで上意下達が習慣化した組織では、侃々諤々の議論が生まれづらいのは自明の理だ。

加えて、エンゲージメントの低い組織も問題が多い。

このような組織では、事なかれ主義が蔓延するのは避けられない。何より平穏無事が優先され、たとえ問題解決のために必要でも、面倒なことは煙たがられる。会議は紛糾するよりも、つつがなく終わることが望まれ、本質的な議論が深まる余地はなくなる。

さらに、エンゲージメントが低下した社員は、議論の場でも積極性を失う。

渋谷の居酒屋で、「日本人はプロアクティブじゃない」と愚痴ったのは、今は日本で働くアメリカ人の元同僚だ。会議でも沈黙が多く、常に指示待ちの部下たちに頭を痛めていたのだ。プロアクティブは積極的という意味だが、必要に迫られる前に行動するといったニュアンスを持つ。その話を聞きながら私の頭に浮かんだのは、反対の意思があっても、あるいは優れたアイデアがあっても、「まあいいか」と口を閉ざしている社員の姿だ。日本では珍しい話ではない。ただ、このような状況に陥れば、言うまでもなく活発な議論など期待できない。

かつての日本企業の強みの一つは、同質性の高い組織が高いエンゲージメントを保つことで生まれる団結力やエネルギーだった。経済全体が上り調子で、やるべきことが明確だった時代は、この組織の特性は大きな強みとなった。

ところが時代は変わった。ユーザーのニーズは多様化し、技術の進歩のスピードは速まり、戦う相手もさまざまな国の企業になった。取るべき戦略も、自力での成長だけでなく、M&Aやアライアンスなど多様で複雑だ。同じような思考、行動パターンを繰り返していては、勝てるはずもない。

かつての日本企業の強みだった高い同質性は、いつしか弱みに変わった。おまけに、エンゲージメントは下がってしまっている。これでは、自由な発想でイノベーションを起こすなど望めそうにない。

もし、私たちがとっくの昔に同質性の高さを克服し、ダイバーシティの高い組織を実現していたら、どうなっていただろうか。

タラレバになるが、九〇年代のシャープの役員会に、インターネットに触ったこともないような初老の男性ばかりではなく、新しい通信技術(インターネット)の登場にワクワクが止まらない人材が参加していたら、どうなっていただろうか。

あるいは、TDKの事業計画検討会の出席者が同じような成功体験を持った社員だけでなく、例えば台湾出身の社員が出席していたら何と言っていただろうか。

私には双方とも同じ結末が待っていたとは思えない。

ちなみに、第二章で述べたように台湾企業との競争においてTDKやソニー、マクセルはちゃんとやるべきことをやっていなかった、と指摘した太陽誘電の技術者は女性だった。おそらく偶然ではないだろう。

ダイバーシティと経営陣の質の向上が問題

日本企業がダイバーシティを高めていく必要があるのは明らかだ。問題はどのように進めるのが効果的かということになる。

いかなる組織においても、トップの影響力は非常に大きいものだ。社員（部下）は経営者（上司）の言動に目を凝らし、良きにつけ悪しきにつけその影響を受ける。トップが掲げたビジョンが組織全体の行動変容を引き起こすこともあれば、トップの慢心が組織全体に伝播することもある。

その事実を踏まえれば、経営陣が自らのダイバーシティを強力に進めれば、組織全体がそれを肯定的に捉え、末端まで広まると期待できる。

ところが、令和を迎えても経営層のダイバーシティは進んでいるとは言い難い。第四章で紹介したように、ＴＤＫは執行役員の半数以上を外国人が担う先駆的な企業だが、同社もジェンダーの観点から見れば女性の執行役員はゼロだ。もちろん、電機業界全体を見れば、ダイバーシティはさらに大きく遅れている。

日本企業では、社長が実質的に自分自身の後任や取締役を選任するシステムが主流だ。急に社長室に呼び出されて口頭で後継を打診され、迷った末に覚悟を決めて引き受ける様子は、今日でも新社長就任の挨拶にしばしば登場するストーリーだ。

しかし、このようなやり方は、社長と同じような思考、ルーツ、キャリアを持つ人材がバトンをつないでいく可能性を高めるだけだ。現実には、いまだに世襲制や、独自の社内ルール（例えば重電部門出身者が重用されるなど）に縛られている企業さえある。これでは、いつまで経っても同質性の高さを打開することはできない。経営陣のダイバーシティを高めるためには、社長自身が覚悟を決めて人事権を第三者に委ねるより他ない。社長からすれば大きな権限を失うことになるが、目的の重要度を鑑みれば納得できるはずだ。

具体的には、一六二ページで記した「指名委員会等設置会社」化を進めるしかない。つまり、実質的に社長の専権事項である自分自身の出処進退、後継者の人選、報酬の決定に、社外取締役を中心とした指名委員会、監査委員会、報酬委員会が介入できる仕組みにするのだ。その上で、指名委員会は同質性の高い組織が企業の成長の足かせになっている事実を正しく理解し、ダイバーシティの実現に努める。その効果が目に見えて現れれば、社内のあちこちで同様の動きが広まるはずだ。

さらに、「指名委員会等設置会社」という制度には、経営陣の質の向上という効果があることも忘れてはならない。アメリカでは相当数のCEOが辞任に追い込まれている一方、日本では社長解任の話はあまり耳にしない。その理由は、日本の経営者の質がアメリカより高いからではなく、日本では経営者を正当に評価する仕組みが十分に機能していないからであると考えるべきだ。

経営者は第三者の目で厳格に評価され、いつまで経っても業績がともなわない経営者、大きな組織のトップとしての資質に欠ける経営者、明快なビジョンを示せない経営者は、監査委員会によって厳しく評価されなければならない。その結果、不適切な人材が罷免されれば、経営の質は上がり、企業の復活にもつながる。

このように「指名委員会等設置会社」は組織を強くするために有益な制度だと思われるが、一つ大きな疑問が残る。この制度のカギを握る社外取締役が、本来求められる役割を果たせるのか、という疑問だ。社外取締役自身の能力が不十分であったり、あるいは経営者と馴れ合っていたりすれば、「指名委員会等設置会社」は本来の力を発揮できない。実際に不正会計で揺れた東芝は、「指名委員会等設置会社」だったのだ。仏作って魂入れずでは意味がない。

日本では、社外取締役の人選も実質的には社長が担っているケースが多い。[*1] よって、「指名委員会等設置会社」の導入が実効性のあるものになるかどうかは、社長次第となる。

道は二つに分かれる。一つは社長が自らの息のかかった社外取締役で固め、馴れ合いの環境を作り上げるケースだ。経営者の地位は守られ、事業運営も円滑に進むだろうが、同質性の高い組織からの脱却は期待できず、五つの大罪を繰り返す恐れも残る。組織全体に新しい風を吹かすことなど到底期待できない。

一方で、時代の要請を正しく理解した社外取締役が登用されれば、社長自身に対する監督の目は厳しくなるが、経営陣のダイバーシティは進むはずだ。その影響は組織全体に及び、各部門での人材登用の考え方も変わるだろう。似たような属性の中から過去の人間関係や年功を理由に人選する安易な仕組みが終わりを告げ、年齢や性別、国籍などにとらわれず、あくまで能力を重視した登用に変わってゆく。真にリーダーに適した人材が増えていけば、組織は間違いなく強靭(きょうじん)になる。

言うまでもなく、選択すべき道は後者だ。そちらの道を選べるか否かは、結局は社長の度量と英断にかかっている。最強の権限と報酬を得る者は、最も厳しい評価の洗礼を受け続ける必要があるし、自らを厳しく律することができない人間が、部下に身を切る改革を求めるなど許されない。これらの事実を経営者は肝に銘じるべきなのだ。

東証一部上場企業の三％しか導入していない「指名委員会等設置会社」が、期待される効果を十分に発揮するまでには紆余曲折があるだろう。しかしながら、難点にだけ目を向けて前に進まなければ、同質性の高い経営層はいつまで経っても変わらないし、組織全体にダイバーシティが広がることも期待できない。たとえ不完全でも、まずは目的に向かって一歩踏み出すことが重要なのだ。

雇用の流動化がエンゲージメント向上につながる

ダイバーシティの向上とともに取り組む必要があるのが、社員のエンゲージメントの引き上げだ。活力ある組織を作るために欠かせない要素である。

二〇二二年七月にパナソニックの子会社パナソニック　オートモーティブシステムズは、社員のエンゲージメントが改善すれば、執行役員の年間賞与を増やすという制度を発表した。[*2] 同社の狙いは的を射ており、新しい試みは評価されるべきだ。ただ、この発表を掲載した新聞記事にはエンゲージメントを高める方法は触れられておらず、その点では懸念が残った。

よって、本書の最後にエンゲージメントを高める具体的な方法を提案したいと思う。

公平性を欠いた環境に置かれた社員が、未来に希望を持ち、組織に尽くそうと思うのは難しい。中には理不尽さをバネに頑張る人もいるかもしれないが、例外的だろう。そう考えると、非正規社員や女性のエンゲージメントを改善しようと思えば、組織に公平性を徹底させるのが不可欠だとわかる。

女性の登用を企業任せにする段階はもう終わったと思われる。何せ二〇〇三年に小泉政権が掲げた目標（女性管理職比率三〇％以上）は、二〇一九年に至っても一四％台と、まったく届いていないのだ。[*3] 一六年経っても満足な結果を出せなかった組織が、これから先の一〇年で劇的な進化を遂げると期待するのは楽観的すぎるし、安易すぎる。

そういう私も人事権を持つ者として、積極的な女性登用に躊躇した過去がある。登用される本人は昇進を望むのか、あるいは男性社員に不平等感をもたらさないか、そんな疑問が頭に浮かび、二の足を踏んだのだ。あとから思えば、誰もが平等に扱われる人材登用などあり得ないにもかかわらず、急に弊害を意識し始め、無自覚のうちに既得権者を守っていた。

これは想像の域を出ないが、同じような思いで女性の登用に及び腰な経営者は多いのではないだろうか。私のような人事権を持つ者の背中を押すには、法を整備し、時限的にクオータ制のような強制力を持つ仕組みを導入するより他ない。

格差是正のためマイノリティに一定数を割り当てるクオータ制は公平性とは矛盾するが、いつまで経っても改善しない不公平さを改善するために、一時的に弊害が出るのはやむを得ない。残念ながら変化のタイミングでは割を食う世代も現れるだろう。それでも強制力をもって女性の登用を進める必要がある。女性社員のエンゲージメントを高めるのは不可欠だし、彼女らの登用は組織のダイバーシティを高め、最終的には企業の成長につながるのだから躊躇している暇はない。

かたや非正規社員のエンゲージメントを引き上げるには、まず彼ら、彼女らの地位の安定を図る必要がある。希望する者には正社員への道を保障するのだ。一方で、正社員化を望まない者には、同一労働同一賃金の徹底や、福利厚生の提供、企業労働組合への加入などを促進し、可能な限り公平性を担保する必要がある。正社員より見劣りする処遇にもかかわらず、いざという時には経費削減のためのショック吸収材として使われる仕組みを抜本的に変えない限り、非正規社員のエンゲージメントを高めるのは難しい。

望まない非正規社員がいなくなるのは誰しも歓迎するだろう。昭和の日本企業のように大多数が正社員となって雇用が安定するのは、理想的な姿だと言える。企業の成長と社員の人生が同期し、業績の改善が生活の向上につながるようになれば、エンゲージメントの向上も期待できる。

しかし、同時に重大な懸念も残る。それは、雇用の調整機能を抜きに日本企業がグローバル競争で生き残れるのか、という疑問だ。調整機能がない雇用体制は、経営危機の際にコスト削減の道を塞ぐだけでなく、経営改革の効果を薄め、DXによる省人化を遅らせる。国内企業同士で戦っているぶんにはそれでもやっていけるのかもしれないが、グローバル競争が前提の電機産業では通用しない。

答えは簡単だ。雇用調整を特定の人たちに頼るわけにはいかないのであれば、そのリスクをすべての社員で共有するより他ない。日本では経営悪化にともなう整理解雇も、個人の能力の不足にともなう普通解雇も法律で規制されており、実施へのハードルは高い。雇用における公平性の欠落を改善しようと思えば、この規制を緩め、必要に応じて比較的容易に正社員の解雇が行える環境を作るしかない。

経団連が喜びそうな提言に鼻白んだ読者もいるかもしれないが、二度のリストラを経験した私の経歴を思い出し、もう少し読み進めていただきたい。解雇される者の苦しみは、身に染みてわかっているつもりだ。

実際に解雇条件の緩和は、正社員にとって悪いことばかりではない。いや、むしろ大きなメリットがあるとさえ言えるのだ。

正社員の解雇が容易になるということは、終身雇用の終焉を意味する。雇用の不安定化は避けられないが、得るものもある。自分のことは自分で決める、という基本的な権利を取り戻せるのだ。これは、終身雇用と年功序列の代償として、大企業を中心に先人が放棄した権利だ。あまりにも長い間手放していたので、その大切さにピンと来ないかもしれないが、影響は大きい。

最大の効果は正社員のエンゲージメントの向上につながるという点だ。失業のリスクが高まるのに、エンゲージメントが上がるのはおかしいと思うかもしれないが、私はそれを経験的に知っている。

ＴＤＫが記録メディア事業の売却を決めた時、本社で採用された正社員は、会社に残るか、事業とともに転籍するかの選択肢を与えられた。いわば、何十年と仕えた組織を取るか、何十年かけて築いたキャリアを取るかの選択だった。私はキャリアを取ったのだが、

TDKという大きな庇護を失うことは、やはり不安だった。

　ところが、いざ転籍すると、今までと似たような仕事を続けているにもかかわらず、私の中にある種の覚悟が生まれていた。それまで心のどこかにあった「入社以来、流されるまま記録メディア事業を担当している」という受け身の感覚が消え、「自分が選んだ仕事」という意識が強まったのだ。その変化は私のエンゲージメントを確実に引き上げた。

　この体験を裏付けるような調査結果がある。神戸大学の西村和雄（にしむらかずお）特命教授と、同志社大学の八木匡（やぎただし）教授が実施した幸福度に関する研究発表だ。[*4] 二万人を対象とした調査の結果、所得や学歴よりも、自己決定が幸福感に強い影響を与えることがわかったのだ。論文は、「自分で人生の選択をすることで、選択する行動への動機付けが高まる。そして満足度も高まる。そのことが幸福度を高めることにつながっているであろう」と結論付けられていた。幸福感が高まれば、自然とエンゲージメントも向上する。私の経験は、まさしくこの研究結果を裏付けるものだった。

　このように、終身雇用（メンバーシップ型雇用）の代償として放棄してきた自己決定権を取り戻すことで、エンゲージメントは確実に高まるものと考えられる。それは、企業だけでなく、当事者にとっても大きなメリットなのだ。

雇用が変われば教育も変わる

解雇条件緩和のメリットは、それだけに留まらない。

給与の引き上げが社員のエンゲージメントにプラスに働くのは明白だ。言うまでもなく経営者も理解している。しかし、第四章で述べたように、給与を上げることで固定費が増加し、経営環境の悪化に脆弱な組織になるのを恐れているのだ。現状では、企業のトップはエンゲージメントの向上より、安定的な成長を優先させているわけだ。

解雇条件の緩和は、このような状況を打破するのに役立つだろう。いざとなれば迅速に固定費の削減、すなわち雇用調整ができるのだから、給与の引き上げでエンゲージメントを高め、業績の向上を図ろうとする企業も増えてくるはずだ。

加えて、終身雇用制度が終わって雇用の流動化が始まれば、転職市場は活性化し、待遇改善が進まない企業からは人材が流出する。日本は生産年齢人口（一五歳以上、六五歳未満の人口）の減少が三〇年近く前から始まっている国だ。待遇改善を渋れば、補充採用さえ簡単でなくなる。雇用と引き換えに低賃金を強いる企業は、やがて生き残れなくなる。

このように、解雇条件の緩和によって何十年と低迷が続く実質賃金が上がり、その賃金の上昇によってエンゲージメントが改善し、その結果、企業業績が上向くという好循環が生まれるのだ。

蛇足ながら、この循環は日本銀行が無節操にジャブジャブと資金を市場に流すより、よほど望ましいインフレにつながるのではないかと思えてならない。

さらに、解雇条件の緩和は、現在は当たり前に行われている新卒一括採用の意味を失わせる。未経験の若者を大量に雇い入れ、自社のカラーに染まるように教育し、企業の都合に合わせた職種に配属するやり方は、ジョブ型雇用が広がる世界では通用しない。よほど主体性を欠いた人材でない限り、自らの人生の重要な選択を企業任せにはしないだろう。それでも企業が新卒一括採用に固執すれば、優秀な人材を集めるのは難しくなる。新卒一括採用が立ち行かなくなれば、企業の同質性が薄まっていくのは間違いない。解雇条件の緩和は、エンゲージメントの向上だけでなく、まわりまわってダイバーシティの広がりにもつながるわけだ。

最後に指摘したい影響は、実は私にも明確には見えていない。ただ、雇用条件の緩和から始まる一連の変化が、社会のさまざまな分野に影響すると思えてならない。まるで静まった池の真ん中に石を投げ入れた時のように、波紋が社会の隅々にまで広がっていくのだ。

例えばジョブ型雇用が広がり新卒一括採用が終われば、教育にも影響が出るだろう。現在のメンバーシップ型と違い、学生は在学中に自分がどのような職種で食べていくのかを決める必要に迫られる。企業への入り口も、インターンから始まるスタイルになるのかもしれない。一度社会に出た後で、ＭＢＡを取得してキャリアアップを図ったり、違う職種を目指して学び直したりする人も増えるだろう。そのようなニーズを学校も無視できず、教育現場も変わらざるを得なくなると思える。その是非の判断は私には難しいが、学校教育はより実学中心になっていくのではないだろうか。

あるいは、終身雇用の終焉は人々の意識にも大きな影響を及ぼすだろう。企業側が用意したキャリアパス、ライフプランに乗っかっていれば、一定の成果が保障される制度は完全に終わるのだ。その変化の先にあるのは、「個人がより自立した社会」、つまり、企業と社員の関係が主従から対等に近づき、社員の主体性がより強まる社会だ。社員がより能動的になれば、自由で活発な議論が交わされる土壌も広がっていくだろう。その先に待っているのは、きっとイノベーションを引き起こす力を持った組織に違いない。

このように解雇規制緩和には多くの効果が期待できる。しかしながら、その先に待っている世界がバラ色というわけでもないのも事実だ。例えば、解雇条件が緩和されたら失業率の上昇は避けられない。コロナのような災禍に見舞われればなおさらだ。企業業績を大きく狂わせる経済危機が起これば、失業率は二桁に至るかもしれない。

さらに、能力主義が強まれば、働く人々が抱えるストレスも強まるだろう。その結果、身体（からだ）を壊したり、最悪の場合は自殺する人が増加したりする恐れもある。今より強いストレス社会が生まれる可能性も否定できない。

これらの弊害に対し、さまざまな対策が必要なのは言うまでもない。過度な自由主義を容認した結果、セイフティーネットが十分に育たず、格差と分断が広がっているアメリカを反面教師にするのだ。そもそも失業者や低所得者を自己責任だとして切り捨ててよいはずはない。

具体的な対策として、解雇に対する金銭補償の義務化や、失業時の社会保障の充実は欠かせない。労働市場での公平性を担保するため、企業の採用基準から性別や年齢を排する法整備も必要だろう。あるいは、成長性の高い事業に転職できるようにリスキリング（再教育）の機会を充実させたり、第一次産業へ転じる支援を強化したりすることも有効なはずだ。実施すべき対策は山とある。

必要となる財源は、法人税の引き上げで徴収するしかない。企業の最大の使命は雇用と納税だ。片方で十分に役割を果たせないのであれば、もう片方で頑張ってもらうしかない。いずれにせよ、肝心なのは官民を挙げて「やり直しがきく社会」を作り上げることだ。二度のリストラを経験した者として、最後にこの点は強調しておきたい。

日本企業がグローバル市場でかつての輝きを取り戻すには、生半可な方法では難しい。経営層が率先して自らを改革し、社員も一定のリスクを受け入れる覚悟が必要になる。「指名委員会等設置会社」の導入も、正社員に対する解雇規制緩和も、痛みをともなう制度改革だ。

ただ、これらの痛みに耐えることができれば、日本経済の復活への道が拓(ひら)けると思えてならない。裏を返せば、このような痛みなしには復活が難しいところまで、この国の産業は追い込まれているのだ。急速な技術革新と過酷なグローバル競争に晒(さら)され、長年にわたって低迷を余儀なくされている電機産業こそ、率先してこのような改革に取り組むべきなのは間違いない。

私たちは腹をくくる必要がある。

おわりに

どこにでもいる普通のサラリーマンだった私が一冊の本を書くのは、それなりに骨の折れる作業だった。新聞記者のような文章のプロでも、論文を書き慣れた学者でもないので、構想が曖昧なまま書き始めては行き詰まる、そんな無駄の繰り返しだった。ただ、文章を書くこと自体は決して苦しくなかった。大変だったのは、自らの過去を振り返り、数々の失敗に向き合うプロセスだった。

苦い記憶をたどれば、どうしても、ああすればよかった、こうすればよかったと考え出す。せっかくできてきたカサブタを剝がすようなものだ。時には血も滲む。当時の緊張やフラストレーションがまざまざと蘇ってくるのは、決して楽しいものではなかった。

さらに、自らの失敗を語ろうとすれば、組織の過ちにも触れざるを得なくなる。世話になった組織の遠い過去の問題を指摘したり、父が心から愛した組織の過ちを批判したりするのは心苦しくもあった。

一方で、本書を執筆していた三年ほどの間でも、日本企業に対する私の危機感は、強まりはしても、弱まりはしなかった。電機業界では東芝がモノ言う株主に翻弄されて迷走を繰り返し、三菱電機は検査不正の問題に揺れた。業界は異なるが、三菱重工が巨額を投じた日の丸ジェット（三菱スペースジェット）は、アメリカ連邦航空局の承認が得られないまま事実上頓挫し、日本の医薬品業界はコロナ禍でもその存在感を発揮できなかった。ソニーや日立製作所のように力強く前進を続ける企業がある一方で、長く続く苦境から脱し切れていない企業は相変わらず多い。

人は往々にして同じような過ちを繰り返すものだ。スペースジェットの開発を中断した三菱重工は、自社の開発能力を過大に見積もっていたようだし、モノ言う株主に翻弄された東芝の経営トップは、明快なビジョンを描けないまま、いたずらに混乱を引き起こして辞任した。形は少し変わってはいるものの、どちらも本書で取り上げた罪と重なる。このような同じ過ちの連鎖を断ち切るには、たとえ心苦しいプロセスであったとしても過去の失敗に真摯に向き合い、その原因を広く共有するしかない。

ところが、日本企業では失敗を失敗と認めることに抵抗があるのか、責任論に発展するのを恐れているのか、徹底した原因分析を避ける傾向がある。失敗は蓋をして隠すものではなく、本来は貴重な体験として語り継がれるべきものなのだが、なかなかそうはならないのだ。

この不満を原動力に私は本書を書き進めてきたのだが、自分自身の失敗に対し、さてどこまで有益な原因分析ができたのかは定かではない。まだまだ、十分に追究できていない部分もあるだろう。ただ、もし読者のみなさんが、本書から何かを感じ取ってくれていたならば、間違いなくカリカリとカサブタを剥いだ甲斐があったといえる。そして、もし私の失敗がみなさんの成功につながってくれたなら、これ以上に喜ばしいことはない。

本書の最後に、心中を吐露する機会を与えてくれた集英社の樋口尚也氏、東田健氏、TDKの記録メディア事業本部、並びにイメーションで苦楽を共にしたみなさん、突然本を書くと言い出した私を受け入れてくれた妻真理子と、さまざまな助言をくれながら出版が決まる前に他界した父泰三に心より感謝する。

註

はじめに

＊1　「ビル・ゲイツの名言10選『自分のことを、この世の誰とも比べてはいけない』」、「Forbes JAPAN」二〇二〇年二月一五日　https://forbesjapan.com/articles/detail/32187

第一章

＊1　「働き方改革を加速するスマートデジタルオフィスサービスを販売開始」富士通プレスリリース、二〇一八年五月一一日　https://pr.fujitsu.com/jp/news/2018/05/11-1.html

＊2　ウォルター・アイザックソン、井口耕二訳『スティーブ・ジョブズ』全二巻、講談社、二〇一一年

＊3　湯之上隆『日本型モノづくりの敗北──零戦・半導体・テレビ』文春新書、二〇一三年

＊4　伊丹敬之、伊丹研究室『なぜ「三つの逆転」は起こったか──日本の半導体産業』NTT出版、一九九五年

＊5　篠原弘道「グローバル時代のR&D戦略～日本の優れた研究開発力を国際競争力向上の源泉に～」NTT、二〇一二年一一月三〇日　https://www.nict.go.jp/info/event/2012/12/pdf/Slide-data.pdf

＊6　「台湾光ストレージ産業（その1）」、「中華民国台湾投資通信」二〇〇二年一一月　https://japandesk.com.tw/87p3_4.pdf

＊7　前掲『なぜ「三つの逆転」は起こったか』

＊8　「データの世紀　国またぐ情報　日本は劣勢」、「日本経済新聞」二〇二〇年一一月二四日
＊9　総務省「令和二年情報通信白書　第1部第1章第4節（3）情報通信システムに係る市場シェアの変化」　https://www.soumu.go.jp/johotusintokei/whitepaper/ja/r02/pdf/02honpen.pdf
＊10　"Gartner Says Global Smartphone Sales Grew 6% in 2021", Gartner Press Release, Mar.2,2022　https://www.gartner.com/en/newsroom/press-releases/2022-03-01-4q21-smartphone-market-share
＊11　日経×TECH編『5Gワールドへようこそ！』日経BP社、二〇一九年

第二章

＊1　浜田恵美子「CD-R事業での最大の山場は、〝CDと完全互換〟という開発の方向付けと市場の創出でした。」、「OplusE」二〇一〇年一〇月二五日　https://www.adcom-media.co.jp/remark/2010/10/25/2034/
＊2　失言王認定委員会『大失言』情報センター出版局、二〇〇〇年
＊3　出井伸之『迷いと決断――ソニーと格闘した10年の記録』新潮新書、二〇〇六年
＊4　新宅純二郎、竹嶋斎ほか「台湾光ディスク産業の発展過程と課題――日本企業との競争、協調、分業」東京大学大学院経済学研究科21世紀COEものづくり経営研究センター　MMRC Discussion Paper No.29　二〇〇五年三月　http://merc.e.u-tokyo.ac.jp/mmrc/dp/pdf/MMRC29_2005.pdf
＊5　平野隆彰『シャープを創った男　早川徳次伝』日経BP社、二〇〇四年
＊6　「韓経：30年前『サムスン半導体の家庭教師』だったシャープ、独自技術だけに固執して没落（1）」、

「中央日報」日本語版、二〇一六年二月二六日　https://s.japanese.joins.com/JArticle/212556?sectcode=300&servcode=300

＊7　「シャープが供与、韓国の三星半導体通信に」、「日本経済新聞」一九八四年八月二九日

＊8　辺真一「全斗煥軍事政権を支えた日本！　今とは比較ならない40年前の『日韓蜜月関係』」二〇二一年一一月二三日　https://news.yahoo.co.jp/byline/pyonjiniru/20211123-00269449

＊9　「国内最大の液晶生産拠点『シャープ・亀山工場』訪問記――液晶パネル生産ラインはブラックボックスの固まり」AV Watch　二〇〇五年五月二六日　https://av.watch.impress.co.jp/docs/20050526/sharp.htm

＊10　日本経済新聞社編『シャープ崩壊――名門企業を壊したのは誰か』日本経済新聞出版社、二〇一六年

＊11　橋本寿朗『戦後の日本経済』岩波新書、一九九五年

＊12　世耕弘成氏ツイッター、二〇一九年七月三日

＊13　「米デュポン、韓国で半導体材料生産　日韓対立間隙突く」、「日本経済新聞」二〇二〇年一月九日　https://www.nikkei.com/article/DGXMZO54224610Z00C20A1MM8000/

＊14　「韓国半導体『脱日本』着々と」、「日本経済新聞」二〇二一年二月七日

第三章

＊1　「世界の名目GDP（USドル）ランキング（過去：一九八〇年、二〇〇九年）」世界経済のネタ帳

https://ecodb.net/ranking/imf_ngdpd.html

＊2　文屋圭裕、児玉万里子「米アップルの製品開発の成功に関する一考察――財務データに基づく検証――」、「専修ネットワーク&インフォメーション」No.21、二〇一三年　https://core.ac.uk/download/pdf/71789509.pdf

＊3　厚生労働省「平成23年度出稼労働者パンフレット」　https://www.mhlw.go.jp/bunya/koyou/other45/101227.pdf

＊4　村井純『インターネットの基礎――情報革命を支えるインフラストラクチャー』角川インターネット講座1、角川学芸出版、二〇一四年

＊5　日本経済新聞社編『検証バブル　犯意なき過ち』日経ビジネス人文庫、二〇〇一年

＊6　柴山桂太、小野善生、宗野隆俊、亀井大樹編『桂泰三氏オーラルヒストリー』下巻、滋賀大学経済学部、二〇一三年、二〇六ページ

＊7　同前、二二二ページ

＊8　同前、二二九ページ

＊9　同前、二八九ページ

＊10　「松下電器のゼロ成長想定、ショック療法狙う?」、「日本経済新聞」一九九二年一〇月七日

＊11　前掲『桂泰三氏オーラルヒストリー』下巻、二八五ページ

＊12　前掲『桂泰三氏オーラルヒストリー』上巻、一一四ページ

＊13　藤田実「日本の電機産業の構造変化とリストラ」、「桜美林論考　桜美林エコノミックス」二号、二

〇一一年
＊14 「インターネット時代に対応した経営改革について」ＮＥＣプレスリリース、一九九九年九月二八日 http://www.nec.co.jp/press/ja/9909/2803.html
＊15 「１９９９年度（平成11年度）連結および単独決算概要　15経営方針」 https://pr.fujitsu.com/jp/ir/finance/1999/pdf/0428-15.pdf
＊16 日本 インターネット普及率　GLOBAL NOTE
＊17 ジャック・ウェルチ、ジョン・Ａ・バーン、宮本喜一訳『ジャック・ウェルチ　わが経営』上下巻、日経ビジネス人文庫、二〇〇五年
＊18 中田行彦『シャープ「液晶敗戦」の教訓』実務教育出版、二〇一五年
＊19 澤部肇「ステークホルダーの皆様へ」TDK ANNUAL REPORT 二〇〇二年 https://www.tdk.com/system/files/_ir_ir_library_annual_pdf_aaa02204.pdf
＊20 「ブレイブ 勇敢なる者」第三回「硬骨エンジニア」ＮＨＫ総合テレビ、二〇一七年一一月二三日放送
＊21 「ポスト・イット®ブランドについて」３Ｍウェブサイト https://www.post-it.jp/3M/ja_JP/post-it-jp/contact-us/about-us/
＊22 ジム・コリンズ、ジェリー・ポラス、山岡洋一訳『ビジョナリー・カンパニー――時代を超える生存の原則』日経ＢＰ出版センター、一九九五年
＊23 「シャープ１００年史『誠意と創意』の系譜」第４章「２電卓の開発」二〇一二年六月版 https://

corporate.jp.sharp/100th/pdf/chapter04.pdf
＊24　斎藤端『ソニー半導体の奇跡——お荷物集団の逆転劇』東洋経済新報社、二〇二一年
＊25　前掲『桂泰三氏オーラルヒストリー』下巻、二七四ページ

第四章

＊1　「ソニー大型リストラの衝撃（社説）」、「日本経済新聞」二〇〇八年一二月一〇日
＊2　「製造業、雇用不安が拡大、大分キヤノン、『請負』１１００人削減」、「日本経済新聞」地方経済面、二〇〇八年一二月五日
＊3　宍戸啓一『語録でたどる　キヤノンの秘密　御手洗〝力〟』世界文化社、二〇〇五年
＊4　「企業レポート　経営分析　富士通　構造改革にも一周遅れ　遠のいたＩＢＭ追撃の夢」、「週刊東洋経済」二〇〇一年一〇月一三日号
＊5　松下幸之助『人を活かす経営』ＰＨＰビジネス新書、二〇一四年
＊6　前掲『シャープを創った男　早川徳次伝』
＊7　同前
＊8　同前
＊9　「データブック国際労働比較２０１８」独立行政法人労働政策研究・研修機構　https://www.jil.go.jp/kokunai/statistics/databook/2018/documents/Databook2018.pdf
＊10　スコット・ギャロウェイ、渡会圭子訳『the four GAFA——四騎士が創り変えた世界』東洋経済新

報社、二〇一八年

＊11「退任するＣＥＯの半数、辞任ではなく解任」ＣＮＮ、二〇一九年一〇月一四日 https://www.cnn.co.jp/business/35141449.html

＊12「黒人のトップ就任に厳しい現実、25年前から変わらず――米メルクＣＥＯ」ブルームバーグ、二〇二〇年七月九日 https://www.bloomberg.co.jp/news/articles/2020-07-09/QD6HANDWX2PX01

＊13「指名委員会等設置会社リスト」日本取締役協会 https://www.jacd.jp/news/opinion/jacd_iinkaisecchi2.pdf

＊14 総務省統計局「労働力調査 長期時系列データ」表９ https://www.stat.go.jp/data/roudou/longtime/03roudou.html

＊15「労働力調査（詳細集計）２０１９年（令和元年）平均（速報）～結果のポイント～」 https://www.stat.go.jp/data/roudou/rireki/nen/dt/pdf/2019.pdf

＊16「日立、『役員層における女性比率および外国人比率10%』の目標達成を発表」Biz/Zine（ビズジン）、二〇二一年四月二〇日 https://bizzine.jp/article/detail/5888

＊17 ポール・ゴンパース、シルパ・コバリ、スコフィールド素子訳「ベンチャーキャピタル業界への調査でわかった ダイバーシティは明らかに収益に貢献する」、「DIAMOND ハーバード・ビジネス・レビュー」二〇一九年四月号

＊18「実質賃金指数の推移の国際比較」全国労働組合総連合 https://www.zenroren.gr.jp/jp/housei/data/2018/180221_02.pdf

＊19　*2017 State of the Global Workplace*, Gallup Press, 2017.

＊20　C. Swarnalatha & T.S. Prasanna "Employee Engagement and Performance Excellence", *International Journal of Management*, vol. 4, Issue 1, 2013, pp.212-220.

＊21　「エコノミスト懇親会」、「News モーニングサテライト」テレビ東京、二〇一九年一二月一二日放送

第五章

＊1　「コーポレートガバナンス・コード～会社の持続的な成長と中長期的な企業価値の向上のために～」東京証券取引所、二〇二一年六月一一日　https://www.jpx.co.jp/equities/listing/cg/tvdivq0000008jdy-att/nlsgeu000005lnul.pdf

＊2　ＴＤＫホームページ「経営理念」　https://www.tdk.com/ja/about_tdk/corporate_motto/index.html

＊3　「自問するパナソニック社長、１００年目の挑戦、家電出展なし『何の会社か』、クルマで成長狙う」、「日本経済新聞」二〇一八年一月一三日

＊4　「インタビュー　パナソニック代表取締役社長　社長執行役員　ＣＥＯ　津賀一宏氏」、「日経エレクトロニクス」二〇一八年七月号

＊5　戸部良一ほか『失敗の本質――日本軍の組織論的研究』中公文庫、一九九一年

＊6　「郵政、国際戦略見えず　豪物流の赤字事業を売却、投じた６０００億円は実質価値ゼロ」、「日本経済新聞」二〇二一年四月二一日

＊7　「シャープ、液晶４割――テレビ生産、２０００年度までに」、「日本経済新聞」一九九八年九月一

九日
＊8　「第2部　ブラウン管勢力異変（5）共存を模索（再燃ディスプレー戦争）」、「日経産業新聞」一九九八年八月二八日
＊9　前掲『シャープ「液晶敗戦」の教訓』
＊10　前掲「シャープ100年史『誠意と創意』の系譜」全編　https://corporate.jp.sharp/100th/
＊11　シャープ「平成18年度決算補足資料」　https://corporate.jp.sharp/ir/event/press/pdf/18-r8.pdf
＊12　「シャープ・片山社長インタビュー　〝液晶1本足〟と決別――新たな成長分野は『健康・環境』」、「日経ビジネス」二〇〇八年四月七日号
＊13　「亀山（三重）工場稼働――液晶一本で勝負、シャープの賭け」、「日経産業新聞」二〇〇四年一月九日
＊14　前掲『桂泰三氏オーラルヒストリー』下巻、二四六ページ
＊15　前掲「シャープ・片山社長インタビュー」

第六章
＊1　山田英司【コーポレート・ガバナンス改革の展望】第4回「変化する社外取締役の役割②～誰が社外取締役を選ぶのか～」日本総研ホームページ経営コラム、二〇二一年二月一日　https://www.jri.co.jp/page.jsp?id=38187
＊2　「社員の働きがい役員賞与に反映」、「日本経済新聞」二〇二一年七月四日

＊3　ＩＬＯ　世界の女性管理職比率　国別ランキング・推移　GLOBAL NOTE

＊4　西村和雄、八木匡「幸福感と自己決定——日本における実証研究」独立行政法人経済産業研究所、二〇一八年九月（二〇二〇年六月改訂）　https://www.rieti.go.jp/jp/publications/summary/18090006.html

ＵＲＬの最終閲覧日：二〇二二年一一月二六日

桂 幹(かつら みき)

一九六一年大阪府生まれ。八六年、同志社大学卒業後、TDK入社。九八年、TDKの米国子会社に出向し、二〇〇二年、同社副社長に就任。〇八年、事業撤退により出向解除、TDKに帰任後退職。同年イメーションに転職、一一年、日本法人の常務取締役に就任も、一六年、事業撤退により退職。今回が初の書籍執筆となる。

日本の電機産業はなぜ凋落したのか
体験的考察から見えた五つの大罪

集英社新書一一五三A

二〇二三年二月二二日 第一刷発行
二〇二四年三月一七日 第五刷発行

著者……桂 幹

発行者……樋口尚也

発行所……株式会社集英社
東京都千代田区一ッ橋二-五-一〇 郵便番号一〇一-八〇五〇
電話 〇三-三二三〇-六三九一(編集部)
〇三-三二三〇-六〇八〇(読者係)
〇三-三二三〇-六三九三(販売部)書店専用

装幀……原 研哉

印刷所……大日本印刷株式会社 TOPPAN株式会社

製本所……加藤製本株式会社

定価はカバーに表示してあります。

ISBN 978-4-08-721253-2 C0236

Printed in Japan

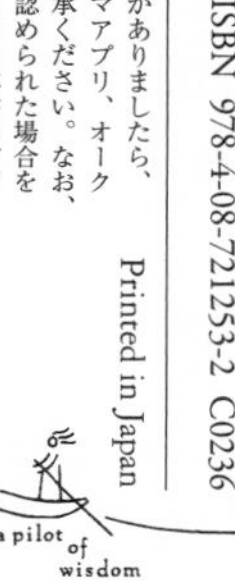

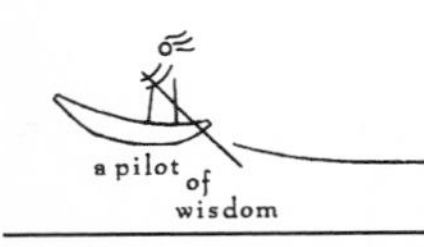

集英社新書　好評既刊

おどろきのウクライナ
橋爪大三郎／大澤真幸　1141-B
ウクライナ戦争に端を発した権威主義国家と自由・民主主義陣営の戦いとは。世界の深層に迫る白熱の討論。

死ぬまでに知っておきたい日本美術
山口 桂　1142-F
豊富な体験エピソードを交え、豪華絢爛な屏風から知る人ぞ知る現代美術まで、日本美術の真髄を紹介する。

アイスダンスを踊る
宇都宮直子　1143-H
世界的人気を博すアイスダンス。かつての選手たちの証言や名プログラム解説、実情や問題点を描いた一冊。

対論　1968
笠井 潔／絓 秀実　聞き手／外山恒一　1144-B
社会変革の運動が最高潮に達した「1968年」。叛乱の意味と日本にもたらしたものを「対話」から探る。

西山太吉 最後の告白
西山太吉／佐高 信　1145-A
政府の機密資料「沖縄返還密約文書」をスクープした著者が、自民党の黄金時代と今の劣化の要因を語る。

武器としての国際人権　日本の貧困・報道・差別
藤田早苗　1146-B
国際的な人権基準から見ると守られていない日本の人権。それにより生じる諸問題を、実例を挙げひもとく。

「鬱屈」の時代をよむ
今野真二　1147-F
現代を生きる上で生じる不安感の正体を、一〇〇年前の文学、辞書、雑誌、詩などの言語空間から発見する。

未来倫理
戸谷洋志　1148-C
現在世代は未来世代に対しての倫理的な責任をどのように考え、実践するべきか。倫理学の各理論から考察。

ゲームが教える世界の論点
藤田直哉　1149-F
社会問題の解決策を示すようになったゲーム。大人気作品の読解から、理想的な社会のあり方を提示する。

日本酒外交　酒サムライ外交官、世界を行く
門司健次郎　1150-A
外交官だった著者は赴任先の国で、日本酒を外交の場に取り入れる。そこで見出した大きな可能性とは。

既刊情報の詳細は集英社新書のホームページへ
https://shinsho.shueisha.co.jp/